山本義郎＋藤野友和＋久保田貴文 [共著]
Yamamoto Yoshihiro　FujinoTomokazu　Kubota Takafumi

本書に掲載されている会社名・製品名は，一般に各社の登録商標または商標です．

本書を発行するにあたって，内容に誤りのないようできる限りの注意を払いましたが，本書の内容を適用した結果生じたこと，また，適用できなかった結果について，著者，出版社とも一切の責任を負いませんのでご了承ください．

本書は，「著作権法」によって，著作権等の権利が保護されている著作物です．本書の複製権・翻訳権・上映権・譲渡権・公衆送信権（送信可能化権を含む）は著作権者が保有しています．本書の全部または一部につき，無断で転載，複写複製，電子的装置への入力等をされると，著作権等の権利侵害となる場合があります．また，代行業者等の第三者によるスキャンやデジタル化は，たとえ個人や家庭内での利用であっても著作権法上認められておりませんので，ご注意ください．

本書の無断複写は，著作権法上の制限事項を除き，禁じられています．本書の複写複製を希望される場合は，そのつど事前に下記へ連絡して許諾を得てください．

(社)出版者著作権管理機構
(電話 03-3513-6969，FAX 03-3513-6979，e-mail：info@jcopy.or.jp)

JCOPY ＜(社)出版者著作権管理機構 委託出版物＞

はじめに

　近年、ビッグデータが注目され、データサイエンスの重要性が認識されるようになったことで、実際のデータ解析にあたるデータマイニングが再び脚光を浴びるようになりました。一昔前のデータマイニングブームでは、データがあれば金鉱が掘り当てられるという期待感からデータマイニングが注目を集めましたが、データマイニングで金鉱を掘り当てる作業は簡単なものではなく、何かのツールにデータを取り込んだら自動的に宝となる情報を見つけ出してくれる、ということは幻想であることがわかると、ブームは去ったように思われます。近年のデータサイエンティストへの注目に見られるデータサイエンスへの期待は、データマイニングブームにおける注目とは異なり、データ解析にはある程度の解析に関するノウハウと統計的な考え方に対する理解は必要ではあるが、データから何らかの有益な情報を見つけ出し、ビジネスに役立てようという考え方に変わってきているように思えます。本書が、データマイニング入門、というタイトルとなったのも、今だからこそ、データマイニングについての概念を理解し、実際のデータに適用したいという方、すでにデータ解析に取り組んでいるが自分の知らない解析方法についても知りたいという方などのニーズが生じていると思います。

　データマイニングは古くさい過去の手法ではなく、データサイエンスが注目されるようになったのはこの種の手法により様々なビジネスの問題解決が行われたからであり、データマイニング手法の多くの手法は大きくは変わっていません。

　本書では、実際のデータを利用し、データマイニングの理解を実際の解析を通して理解することを目的に3部構成となっています。

はじめに

　第 I 部は「R を使ったデータマイニングの準備」として、第 1 章「R によるデータ解析入門」では R を使ってデータマイニングをしている様子を簡単に紹介し、第 2 章「データマイニングとは」でデータマイニングの概要について紹介します。

　第 II 部は「データマイニング手法」として 10 の手法について章ごとに手法の概要を説明し、R での実際のデータ解析方法について紹介します。まず予測の方法として、第 3 章で回帰分析、第 4 章でロジスティック回帰分析、第 5 章で決定木分析、第 6 章でサポートベクターマシン、第 7 章で記憶ベース推論を紹介します。次にグルーピング、セグメンテーションを行うための方法として、第 8 章でクラスター分析、第 9 章で自己組織化マップを紹介します。次に、データマイニングの中では大量の情報を低次元の可視化により把握する方法として用いられる次元縮約の方法として、第 10 章で主成分分析、第 11 章で対応分析を紹介します。最後に、マーケットバスケット分析としてデータマイニングでは有名な方法であるアソシエーションルール分析を第 12 章で紹介します。

　第 III 部は「データマイニングの実践例」として、第 13 章で複数の手法による予測の評価として複数の手法を用いた場合の比較検討について具体例を用いて解説します。さらに、2 つの実際の大規模データの分析例として，第 14 章では「株価からの総合指標構成」、第 15 章では「ソーシャルネットワーク分析」を紹介します。

　第 2 章以外は、実際に R を動かして理解を図るように、R のコードを入れています。

　実際に RStudio で動かしながら演習するのが理解への近道です。

　本書で扱うデータおよび R スクリプトは、本書の Web サイト

　　http://www.ohmsha.co.jp/data/link/978-4-274-21817-0/

で「Download」に zip 形式のファイルにまとめていますので、展開して利用することができます。

　R スクリプトの文字コード（Encoding）は UTF-8 としています。RStudio で R スクリプトを開いて文字化けしていた場合には、「File」メニューの「Reopen with Encoding」で「UTF-8」を指定して開き直してください。

　本書のコードの一部は、起動時の乱数に依存して異なる結果を導きます。そのため、実際にサンプルのソースコードを実行した場合に、本書の記述のどお

りにならないこともあります。

　データマイニングの解析は、このように実行時のタイミングで異なる結果を示すものも多いので、1回解析して判断するのでなく、複数回解析することで、得られた結果が安定した結果なのか、たまたま得られたものなのか把握するようにしてください。

　本書の出版の機会をいただき、企画から出版まで根気強く対応いただいたオーム社の担当者様の努力と情熱に感謝の意を表します。

　2015年10月

　　　　　　　山　本　義　郎・藤　野　友　和・久保田　貴　文

目 次

はじめに..iii

第 I 部　R を使ったデータマイニングの準備　　1

第 1 章　R によるデータ解析入門 3
- 1.1　R および RStudio のインストール................................4
- 1.2　RStudio の基本操作 7
- 1.3　R 言語入門 11
  - 1.3.1　電卓としての使い方 11
  - 1.3.2　ベクトル――R におけるデータ構造の基本 12
  - 1.3.3　ベクトルの変数への代入と演算 13
  - 1.3.4　配列と行列 14
  - 1.3.5　因子型 16
  - 1.3.6　リスト 17
  - 1.3.7　データフレーム 19
- 1.4　外部データの取り込み 20
- 1.5　データの要約 21
- 1.6　パッケージのインストール 23
- 1.7　dplyr パッケージによるデータフレームの操作 23
- 1.8　データの可視化 27
  - 1.8.1　棒グラフ 28
  - 1.8.2　ヒストグラム 31
  - 1.8.3　箱ひげ図 32
  - 1.8.4　散布図 34
  - 1.8.5　層別のプロット 36

第 2 章　データマイニングとは 39
- 2.1　ビッグデータとデータサイエンス................................39
- 2.2　CRISP-DM 40

2.2.1　ビジネスの理解 40
　　2.2.2　データの理解 41
　　2.2.3　データの準備 41
　　2.2.4　モデリング 42
　　2.2.5　評価 42
　　2.2.6　適用 43
　2.3　データマイニング手法 43
　　2.3.1　データの種類とモデリング 43
　　2.3.2　予測と判別 44
　　2.3.3　分類・クラスタリング 44
　　2.3.4　次元縮約 44
　　2.3.5　ルールの発見 45

第 II 部　データマイニング手法　　　　　　　　　　47

第 3 章　回帰分析 49
　3.1　単回帰分析 49
　3.2　重回帰分析 55

第 4 章　ロジスティック回帰分析 65
　4.1　データの準備 65
　4.2　1 つの説明変数を用いた予測 66
　4.3　2 つ以上の説明変数を用いた予測 73

第 5 章　決定木分析 77
　5.1　分類木を用いた判別 77
　5.2　回帰木を用いた予測 85

第 6 章　サポートベクターマシン（SVM） 89
　6.1　サポートベクターマシンとは 89
　6.2　カテゴリー予測の例 91
　6.3　数値予測の例 95

第7章　記憶ベース推論 97
7.1　k近傍法とは 97
7.2　変数の基準化と標準化 103

第8章　クラスター分析 105
8.1　クラスター分析とは 105
8.2　階層型クラスター分析 106
8.3　階層型クラスター分析の実行 108
8.4　可視化の工夫 113
8.5　非階層型クラスター分析 117
8.6　非階層型クラスター分析の実行 117

第9章　自己組織化マップ（SOM） 123
9.1　自己組織化マップとは 123
9.2　自己組織化マップによる分析例 124
9.3　自己組織化マップによる分類 134

第10章　主成分分析 143
10.1　主成分分析とは 143
10.2　対象とするデータの準備 146
10.3　主成分分析の実行 149

第11章　対応分析 155
11.1　対応分析 155
11.2　多重対応分析 159

第12章　アソシエーションルール分析 165
12.1　アソシエーションルールとその評価指標 165
12.2　アソシエーションルール分析の実例 167
12.3　アソシエーションルール分析の応用例 176

第 III 部　データマイニングの実践例　183

第 13 章　複数の手法による予測の評価　185
13.1　予測手法の評価について　185
13.2　判別の手法によるカテゴリー予測の比較　186
13.2.1　ロジスティック回帰分析　186
13.2.2　決定木分析　191
13.2.3　サポートベクターマシン　194
13.3　数値予測の手法による比較　195
13.3.1　重回帰分析　195
13.3.2　決定木分析　197
13.3.3　サポートベクターマシン　199

第 14 章　株価データを用いた総合指標の作成　201
14.1　株価データの取得　201
14.2　株価データから総合指標の作成　203

第 15 章　SNS データの分析　209
15.1　Twitter API と OAuth　209
15.2　R によるツイートの取得　212
15.3　形態素解析　217
15.4　ワードクラウド　219
15.5　ネットワーク分析　221

索　引　225

第 I 部
Rを使った
データマイニングの準備

第1章　Rによるデータ解析入門
第2章　データマイニングとは

第1章
Rによるデータ解析入門

　統計解析ソフトウェアRは、最近では、統計解析ソフトウェアといえばRというほどに、知名度も上がり広く利用されるようになりました。Rが多くの支持を得ている主な理由としては、

- オープンソースソフトウェアである。無償で利用できる。
- 多くの統計の専門家が開発に関わっている。
- スクリプトベースであるため、統計解析の記録を残したり、再実行したりすることが容易である。
- 非常に多くのパッケージ[†1]が提供されている。

などが挙げられます。パッケージについては、最新の統計解析手法だけでなく、外部のリソースへアクセスしたり、ウェブ開発を行ったりすることを支援するような機能を提供するものもあり、一般のプログラミング言語で実行するようなことまでもRで行えるようになってきています。つまり、データに関する環境構築をRのみで行うことも可能になってきているということです。

　本章では、データマイニングを実行する環境としてRを利用するにあたり、Rの導入から、R言語の基本、データの可視化までを簡単に解説します。詳細については、多くの関連書が出版されていますので、そちらに譲ることにします。

---

†1　7096 パッケージが公式のリポジトリに登録されている（2015年9月3日現在）。

1.1 RおよびRStudioのインストール

(1) Rのインストール

Rの公式サイトはhttp://www.r-project.org/となっています。RやRのパッケージのダウンロードについては、CRAN（The Comprehensive R Archive Network）と呼ばれる公式のリポジトリ[2]から行います。日本にもいくつかミラーサイト[3]が設置されていますので、最寄りのものを利用するとよいでしょう。CRANにアクセスするとページの上部に各OS向けのダウンロードページのリンクがあるので、自分の環境に合わせてファイルをインストールしてください（図1.1）。なお、原稿執筆時点でのRの最新バージョンは3.2.2となっています。Windowsの場合、「Download R for Windows」→「base」→「Download R 3.2.2 for Windows」とリンクを辿れば、Rのインストーラーがダウンロードされます。

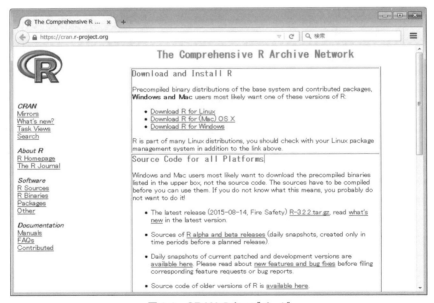

図1.1　CRANのウェブページ

---

†2　http://cran.r-project.org/
†3　http://cran.ism.ac.jp/など。

1.1 R および RStudio のインストール

ダウンロードされたファイルをダブルクリックすると、インストーラーが起動します（図1.2）。デフォルトの設定でインストールするのであれば、「次へ」をクリックしていけばインストールが完了します。これで、デスクトップに作成されたRのショートカットをダブルクリックすれば、Rが起動します。しかし、R自身はユーザーインターフェイスとしては最低限のもの（コンソールとグラフィックス出力）のみを提供するので、Rのスクリプトを編集したり実行したりするには少し不便です。ここではRの統合開発環境であるRStudioを導入して効率的に作業できるようにします。

図 1.2　R のインストーラー画面（日本語選択後）

(2) RStudio のインストール

RStudio は R によるデータ解析や開発を支援する統合開発環境で、以下のような機能を提供しています。

- スクリプトエディタ
  シンタックスハイライト／コード補完／オートインデント／選択コードの実行
- グラフィックスの管理
  各種フォーマットへのエクスポート／グラフィックスの履歴記録および再

表示
- デバッグ支援
- プロジェクト、ワークスペース、ディレクトリ管理

RStudio はオープンソースソフトウェアとして開発されており、無償で利用できます。RStudio の公式サイト http://www.rstudio.com/ からダウンロードしてインストールを行いますが、RStudio には Desktop 版だけでなく、Server 版や商用版（Commercial License）などもありますので、目的に合ったものを選択してください。ここでは、Desktop 版の Open Source Edition をインストールすることとします。

RStudio のトップページから辿ることもできますが、直接ダウンロードページ[†4]を参照することもできます。ダウンロードページから自分の OS に合ったインストーラー版をダウンロードして、実行してください（図1.3）。「次へ」を2回ほどクリックして、「インストール」をクリックすればインストール作業が自動的に実行されます。インストールが完了したら、スタートメニューに登録されますので、そこから RStudio を起動します。

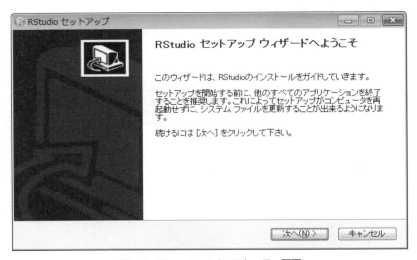

図1.3　RStudio のインストーラー画面

[†4]　http://www.rstudio.com/products/rstudio/download/

1.2 RStudio の基本操作

(1) スクリプトエディタ

RStudio が起動すると、R のコンソール（Console）、ホームフォルダ（ディレクトリ）のファイル一覧（Files）、R の環境内のオブジェクト一覧（Enviroment、最初は空になっている）が表示されます。コンソールに R のコマンドを入力すれば、直ちにそれが実行されます。しかし、RStudio の利点の大部分はスクリプトエディタを使うことにありますので、まずはスクリプトエディタを開いてみましょう。ツールバーの左端の＋マークのアイコンをクリックすると、プルダウンメニューが表示されますので、そこから「R Script」を選択（または、「File」メニューから「New File」の「R Script」を選択）してください。ウインドウの左上のブロックにスクリプトエディタが表示されます（図1.4）。

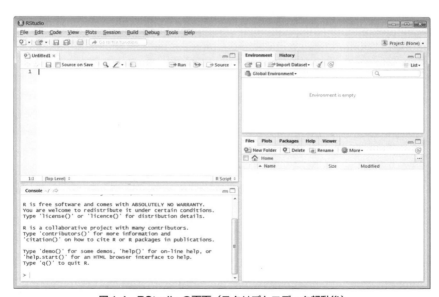

図 1.4　RStudio の画面（スクリプトエディタ起動後）

RStudio の操作を理解するため、スクリプトエディタを使って以下のコマンドを入力してみましょう。コマンドの意味の詳細な説明は次節以降に行います。

```
> x <- rnorm(100)
> plot(x)
```

エディタにコマンドを入力しただけでは何も実行されません。このコマンドを実行するためには、実行したいコマンドの行にカーソルを移動させてから、[Ctrl] キーを押しながら [Enter] キーを押します（または右上の「Run」ボタンをクリックします）[†5]。この操作により、選択された行のコマンドがコンソールに送られ、その内容が実行されます。1行目では、100個の正規乱数を発生させ、それら全部を x と名付けた1つの R のオブジェクトに格納しています。これにより、右上のオブジェクト一覧のところに、x が表示されます。2行目では、1行目で作成した x のプロットを作成しています。プロットは右下のブロックの「Plots」に表示されます（図1.5）。

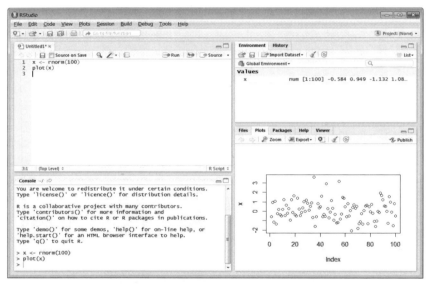

図1.5　RStudioの画面（プロット出力後）

---

†5　スクリプトエディタにおけるコマンドの選択は、マウスによる複数行選択も可能です。複数行選択してから、[Ctrl] + [Enter] キーを押した場合、選択された範囲の上から順にコマンドが実行されていきます。

(2) グラフィックスに対する機能

RStudio で出力されたグラフィックスに対する機能としては主に2つあります。1つはズーム機能、もう1つは画像ファイルへのエクスポート機能です。先ほど出力されたプロットの上部にそれぞれの機能アイコンがありますので、それらをクリックすればそれぞれの機能を実行できます。

ズーム機能（Zoom）をクリックすれば、プロットが別ウインドウに表示され、表示サイズを自由に変更できます。

エクスポート機能（Export）では、画像ファイル（Save as Image）、PDFファイル（Save as PDF）へのプロットの書き出しに加え、クリップボードへのコピー（Copy to Clipboard）を実行できます。例えば、ワープロソフトやプレゼンテーションソフトで R から出力されたグラフィックスを利用する場合には、クリップボードへのコピーを使うとよいでしょう。クリップボードへのコピーを選択すると、図1.6のようなダイアログボックスが開きますので、出力するグラフィックスのサイズを設定してから、「Copy Plot」をクリックします。その後、利用先のアプリケーションで「貼り付け」を実行すれば、プロットがコピーされます。

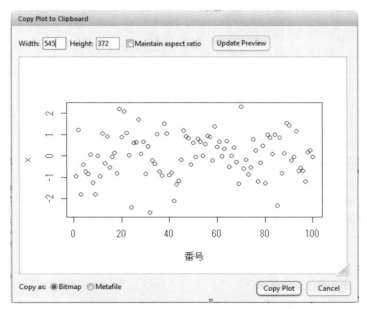

図1.6　クリップボードへのコピー

(3) 作業ディレクトリの管理

　Rではファイルからデータを読み込んだり、データやグラフィックスをファイルに書き込んだりするなど、ファイル入出力の処理が頻繁に実行されます。これらの処理の際には、ファイルのパスを指定することになります。パスの指定の方法は絶対パスもしくは、現在の作業ディレクトリからの相対パスとなります。Rを起動した直後は、作業ディレクトリはユーザーのホームディレクトリ[†6]となっています。

　例えば、先ほどのプロットのエクスポートの機能で、「Save as Image」を選択して、ダイアログボックスでデフォルトの設定でそのまま「Save」をクリックすると、ホームディレクトリに「Rplot.png」という名前で画像ファイルが作成されます。また、ファイルからデータを読み込む際には、そのコマンドでファイル名のみを指定すると、現在の作業ディレクトリから指定されたファイルを検索します。現在の作業ディレクトリにそのファイルがなければ、エラーとなります。

　作業ディレクトリを変更するには、メニューから「Session」→「Set Working Directory」→「Choose Directory...」とクリックしていき、作業ディレクトリにしたいフォルダを選択します。また、「To Source File Location」を選択すると、スクリプトエディタで開いているRスクリプトのファイルと同じディレクトリを作業ディレクトリとして設定できます。

(4) ワークスペースの管理

　Rの環境では、先ほどの例のxのように、データをRのオブジェクトとして保存していきます。RのオブジェクトはRのワークスペースと呼ばれる領域で管理されます。Rのワークスペースは、いったんRを終了すると消えてしまいますので、作成したRのオブジェクトも同様に消えてしまいます。Rを次回起動したときに、現在利用しているRのオブジェクトを引き続き利用したい場合には、ワークスペースを保存しておくことが必要です。

　Rを終了する際には現在のワークスペースを保存するかどうかを聞かれますが、明示的に保存することもできます。メニューから「Session」→「Save Workspace As...」と選択し、ダイアログボックスでワークスペースを保存するファイル名を入力します。ファイル名にはRのワークスペースの拡張子

[†6] Windowsの場合には、マイドキュメントなど。

「.RData」が自動的に付加されます。次回、RStudio を起動後、「Session」→「Load Workspace...」と選択し、そのファイルを指定すれば、ワークスペースが復元されます。

1.3 R 言語入門

この節では R で用いられる R 言語の基本について大まかに紹介します。詳細については R の入門書などを参考にしてください。

1.3.1 電卓としての使い方

R はインタプリタ型の言語ですので、1 行のコマンドを入力すれば、それが直ちに実行されます。例えば、足し算は以下のように実行されます。

```
> 3+4
[1] 7
```

計算結果はコマンドの次の行に即座に出力されます。もちろん、関数電卓的な使い方もできます。

```
> sin(pi/6)+cos(pi/3)+sqrt(9)+log(exp(1))
[1] 5
```

結果の行の先頭に表示される [1] は、その行に出力されている最初の数値が、何番目の要素かを示すものです。これは多くのデータが複数行にわたって出力されたときに役に立ちます。例えば、rnorm() 関数を使って 20 個の正規乱数を発生させたときの結果は、以下のようになります。

```
> rnorm(20)
 [1]  0.35991997 -0.88876587 -1.67543671  0.60250138
 [5] -0.07693878 -0.60678912 -0.44079740 -0.31054993
 [9] -0.37380599 -1.15058312  0.29321872  0.63678817
[13] -0.92659686  0.04183021  0.57303190 -0.66263303
[17] -0.47764049  1.24814654 -1.01360275  0.19451511
```

この結果のように、単一のデータ型（この場合は実数）[7]を持った複数のデータの集まりを**ベクトル**と呼びます。

■1.3.2 ベクトル——Rにおけるデータ構造の基本

Rにおける最もシンプルなデータ構造がベクトルです。他のプログラミング言語を利用したことがある人であれば、一次元配列のようなもの[8]だとイメージしておくとよいでしょう。Rにおいては、単一の数値であっても、大きさ1のベクトルとして扱われます。最初に挙げた、電卓の例の結果の数値も大きさ1のベクトルです。ベクトルを明示的に作成するには、以下のようにc()関数を用います。

```
> c(1,3,10)
[1]  1  3 10
> c(sin(pi/6), sqrt(9))
[1] 0.5 3.0
```

文字型のベクトルを作成する場合には、要素を"（ダブルクォート）もしくは'（シングルクォート）で囲みます。

```
> c("Hello","World","!!")
[1] "Hello" "World" "!!"
```

数値型と文字型が混在したベクトルを作成しようとすると、数値型が文字型に強制変換されます。

```
> c("Happy","New","Year",2015)
[1] "Happy" "New"   "Year"  "2015"
> # 計算結果が文字型に変換される
> c("sin(pi/6)=", sin(pi/6))
[1] "sin(pi/6)=" "0.5"
```

規則的に並んだ数値を要素とするベクトルを作成するには、いくつかの便利な方法があります。#はコメント記述のためのもので、#を含む右側のテキストは無視されます（コマンドとしての入力は必要ありません）。

---

[7] 実数型以外にも、整数型、文字型、因子型、論理型などがあります。
[8] 厳密には異なり、Rにおける配列は別にあります。

```
> # 1ずつ増加する数列
> 1:10
 [1]  1  2  3  4  5  6  7  8  9 10
> # 同じ数値の繰り返し
> rep(10,3)
[1] 10 10 10
> # 増分を指定した数列（任意の公差を持つ等差数列）
> seq(1,2,0.1)
 [1] 1.0 1.1 1.2 1.3 1.4 1.5 1.6 1.7 1.8 1.9 2.0
```

これらを組み合わせると、様々な数列によるベクトルを作成することができます。

▪1.3.3　ベクトルの変数への代入と演算

Rでは**オブジェクト**[9]の変数への代入を、代入演算子 <- により行います。

```
> x <- c(3,6,10)
```

変数への代入をした場合、実行結果は何も表示されないので、変数の内容を確認したい場合には、単に変数名を入力します。

```
> x
[1]  3  6 10
```

変数名には、文字、数字、ピリオドなどの記号が利用できますが、先頭に数字が付くものは使えません。また、大文字と小文字を区別しますので、注意しましょう。

ベクトル同士の演算は、2つのベクトルの大きさが同じ場合には要素同士の演算結果となります。

```
> y <- c(3,2,5)
> x/y
[1] 1 3 2
```

2つのベクトルの大きさが異なる場合には、小さい方のベクトルの要素が、

---

[9]　ベクトルや他のデータ構造を実現した実際の値の総称。

大きい方と同じ大きさになるまで「リサイクル」されます。

```
> # x^c(2,2,2)と同じ
> x^2
[1]   9  36 100
> # x*c(1,2,1)と同じ
> z <- c(1,2)
> x*z
[1]  3 12 10
Warning message:
In x * z : longer object length is not a multiple of
shorter object length
```

2番目の例のように、大きい方のベクトルの大きさが、小さい方の大きさの定数倍でない場合には警告が出力されます。

1.3.4　配列と行列

ベクトルに次元属性を与えることにより、配列として扱えるようになります。

```
> # 2次元配列 (行列)
> x <- 1:9
> dim(x) <- c(3,3)
> x
     [,1] [,2] [,3]
[1,]    1    4    7
[2,]    2    5    8
[3,]    3    6    9
>
> # 3次元配列
> x <- 1:27
> dim(x) <- c(3,3,3)
> x
, , 1

     [,1] [,2] [,3]
[1,]    1    4    7
[2,]    2    5    8
[3,]    3    6    9

, , 2
```

```
     [,1] [,2] [,3]
[1,]  10   13   16
[2,]  11   14   17
[3,]  12   15   18

, , 3

     [,1] [,2] [,3]
[1,]  19   22   25
[2,]  20   23   26
[3,]  21   24   27
```

dim() 関数により次元属性が与えられ、引数には各次元の要素数をベクトルとして指定します。配列の各要素は、各次元の要素番号を指定しても、ベクトルとしての要素番号を指定しても参照できます。

```
> x[1,2,1]
[1] 4
> x[4]
[1] 4
```

特に 2 次元配列である行列を作成する場合には、matrix() 関数を使うことができます。

```
> matrix(1:15, ncol=5, byrow=TRUE)
     [,1] [,2] [,3] [,4] [,5]
[1,]   1    2    3    4    5
[2,]   6    7    8    9   10
[3,]  11   12   13   14   15
```

最初の引数でベクトルを指定します。ncol は行列の列数、byrow は行方向にベクトルの要素を並べるかどうかを TRUE か FALSE で指定します（デフォルトは FALSE）。

行列やベクトルを行方向や列方向に接続して、新しい行列を作成するには cbind() 関数や rbind() 関数を用います。

```
> cbind(1:2,4:5,7:8)
     [,1] [,2] [,3]
[1,]   1    4    7
[2,]   2    5    8
```

```
> rbind(1:2,4:5,7:8)
     [,1] [,2]
[1,]    1    2
[2,]    4    5
[3,]    7    8
> cbind(matrix(1:6,ncol=2), 7:9)
     [,1] [,2] [,3]
[1,]    1    4    7
[2,]    2    5    8
[3,]    3    6    9
```

1.3.5 因子型

統計データを扱うR言語独特のデータ型として、**因子型**（factor）があります。統計学におけるデータ（数値）には4種類あるといわれています。

1つは分類のためだけに用いられるような**名義尺度**で、性別のコード（男性：0、女性：1）などがそれに当たります。コードの割り当て方は任意でよく、男性：12、女性：23としても問題ありません。2番目は**順序尺度**で、名義尺度に順序に関する情報が追加されたものです。例えば、成績のデータで優：3、良：2、可：1、不可：0と割り当てられた数値は順序尺度となります。名義尺度や順序尺度のデータに対する変数のことを**質的変数**といい、因子型はこの質的変数を扱うためのデータ型になります。

```
> # 数値による因子型データ
> hakata <- c(0,2,3,1,3,2,1,2)
> fhakata <- factor(hakata, levels=0:3)
> fhakata
[1] 0 2 3 1 3 2 1 2
Levels: 0 1 2 3
> as.numeric(fhakata)
[1] 1 3 4 2 4 3 2 3
> as.numeric(as.character(fhakata))
[1] 0 2 3 1 3 2 1 2
```

この例では、最初に数値型のベクトルを作成し、それを factor() 関数で因子型のベクトルに変換しています。factor() 関数の levels 引数は、**水準集合**のベクトルを指定します。この場合、0という数値が1番目の水準に、1という数値が2番目の水準というように割り当てられていることを意味します。数値型のベクトルに水準集合に含まれない要素がある場合には、因子型

ベクトルの中では欠損値 NA として扱われます。因子型のベクトルの場合、内容を表示すると Levels の行のように水準集合があわせて表示されるので、これでデータが因子型かどうかを見分けることができます。as.numeric() 関数で因子型ベクトルを数値型ベクトルに変換すると、水準番号が出力されます。元のデータを出力する場合には、as.character() 関数でいったん文字型ベクトルに変換してから、数値型ベクトルに変換します。

質的変数のデータは、元々は文字列として記録されていることも多いかもしれません。levels() 関数を使うと、水準集合を参照、更新することができます。

```
> levels(fhakata)
[1] "0" "1" "2" "3"
> levels(fhakata) <- c("天ぷら","もつ鍋","ラーメン","ごまさば")
> fhakata
[1] 天ぷら   ラーメン ごまさば もつ鍋   ごまさば ラーメン
[7] もつ鍋   ラーメン
Levels: 天ぷら もつ鍋 ラーメン ごまさば
> as.numeric(fhakata)
[1] 1 3 4 2 4 3 2 3
```

この場合、as.numeric() 関数の返り値は、数値による因子型データの場合と同じです。

1.3.6　リスト

複数の異なるベクトルの集まりを1つのオブジェクトとして扱えるデータ構造を**リスト**といいます。リストはベクトルだけでなく、別のリストも要素として持つことができます。プログラミングの経験のある人は構造体を思い浮かべればよいでしょう。

```
> season <- 2013
> pacific <- c("楽天","西武","ロッテ","ソフトバンク",
+ "オリックス","日本ハム")
> central <- c("巨人","阪神","広島","中日","DeNA","ヤクルト")
> npb <- list(pacific=pacific,central=central,season=season)
> npb
$pacific
[1] "楽天"       "西武"       "ロッテ"     "ソフトバンク"
```

```
    [5] "オリックス"    "日本ハム"

    $central
    [1] "巨人"        "阪神"        "広島"        "中日"
    [5] "DeNA"        "ヤクルト"

    $season
    [1] 2013
```

　リストを新たに作成するには list() 関数を用います。引数は、「要素の参照名 = オブジェクト」をカンマ区切りで列挙します。3 行目の + は、2 行目のコマンドが途中までであったため、コマンド継続を表しているものです（自動的に表示されるので、入力する必要はありません）。リストのオブジェクト名の後に「$ 要素の参照名」を付けて実行すると、指定したリストの要素を直接参照することができます。例えば、

```
> npb$pacific
[1] "楽天"        "西武"        "ロッテ"      "ソフトバンク"
[5] "オリックス"  "日本ハム"
```

　また、npb[[1]] のようにすれば、要素番号でリストの要素を参照することもできます。

```
> npb[[2]]
[1] "巨人"        "阪神"        "広島"        "中日"
[5] "DeNA"        "ヤクルト"
```

　文字列として参照名を指定することもできますが、この場合はリストとして参照されます。

```
> npb["central"]
$central
[1] "巨人"        "阪神"        "広島"        "中日"
[5] "DeNA"        "ヤクルト"
> class(npb["central"])
[1] "list"
```

　統計計算などを行う R の関数の多くは、その結果をリストの形式で返します。リストの要素の参照名の一覧を見るには names() 関数を使います。

```
> names(npb)
[1] "pacific"  "central"  "season"
```

▪1.3.7 データフレーム

データフレームは、同じ長さの複数のベクトルを要素とするリストで、テーブル形式のデータ集合を扱うためのデータ構造です。行列と違い、各列のデータ型は異なっても構いません。データフレームの各行を**個体**、各列を**変数**と呼びます。データフレームを作成するには、`data.frame()`関数を使います。引数は、`list()`関数と同様です。

```
> pacific.seiseki <- data.frame(
+   pacific=pacific,
+   win=c(82,74,74,73,66,64),
+   lose=c(59,66,68,69,73,78))
> pacific.seiseki
   pacific win lose
1     楽天  82   59
2     西武  74   66
3     ロッテ 74   68
4  ソフトバンク 73   69
5   オリックス 66   73
6   日本ハム 64   78
```

以下のようにリストと同様に、データフレームの列を参照することができます。$で列名を指定すれば、その列のベクトルが返され、["列名"]の形式で列名を指定すれば、1列のデータフレームの形式として参照されます。

```
> pacific.seiseki$win
[1] 82 74 74 73 66 64
> pacific.seiseki["lose"]
  lose
1   59
2   66
3   68
4   69
5   73
6   78
```

リストと異なるのは、行列の場合と同様の方法で、要素を参照できることです。

```
> pacific.seiseki[2,3]
[1] 66
```

1.4
外部データの取り込み

これまでは、Rの基本的な説明のために、ベクトルやデータフレームのオブジェクトをコマンドで作成する方法を示してきましたが、実際の分析では、既存の外部データをRにインポートすることが一般的です。ここでは、まずCSVファイルをインポートする方法を紹介します。

まず、機械学習関連の情報やサンプルデータを提供している、UCI Machine Learning Repository[10] から、ある卸売業者の顧客データ[11] をダウンロードしてみましょう。ページを開いたら「Data Folder」のリンクを辿ると、CSVファイルへのリンクがありますので、これをダウンロードしてください。ダウンロードしたファイルは、1.2節で説明した作業ディレクトリに保存しておいてください。作業ディレクトリの設定が済んでいなければ、1.2節を参照して、設定しておきましょう。

CSVファイルをデータフレームとしてインポートするには、read.csv()関数を用います。

```
> ws.customer <- read.csv("Wholesale customers data.csv")
> head(ws.customer)
  Channel Region Fresh  Milk Grocery Frozen Detergents_Paper Delicassen
1       2      3 12669  9656    7561    214             2674       1338
2       2      3  7057  9810    9568   1762             3293       1776
3       2      3  6353  8808    7684   2405             3516       7844
4       1      3 13265  1196    4221   6404              507       1788
5       2      3 22615  5410    7198   3915             1777       5185
6       2      3  9413  8259    5126    666             1795       1451
```

タブ区切りのような、カンマ区切りでないテキストデータについては、read.table()関数でインポートすることができます。ここでは、先ほどダウンロードしたCSVファイルをExcelで開いて、データをクリップボードにコピーした状態から、Rに取り込む方法を示します。Excelでデータをコピー

---

[10] http://archive.ics.uci.edu/ml/
[11] http://archive.ics.uci.edu/ml/datasets/Wholesale+customers

するとタブ区切りのデータとして、クリップボードに保存されます。その状態で、以下のコマンドを実行します。

```
> ws.customer <- read.table("clipboard", header=T)
```

header引数は、データの1行目を列名とみなすかどうかを指定する論理値です。タブ区切りでない場合には、sep引数で区切り文字を指定します。クリップボードからのインポートでない（ファイルからのインポート）の場合には、第1引数をファイル名とします。

1.5
データの要約

データマイニングの第1歩は、データの要約と可視化です。データフレームに格納されている各列のデータについての中心的な位置（**平均値、中央値**[†12]）、ばらつき（**分散、標準偏差、四分位偏差**）を示す指標を計算して、データの分布状況を調べます。因子型のデータの場合は、水準ごとのデータのカウントを行います。データフレームに、summary()関数を適用すれば、各変数の要約を行ってくれます。

```
> # ChannelとRegionは名義尺度なので、因子型に変換
> ws.customer$Channel <- factor(ws.customer$Channel,
+                               labels=c("Horeca","Retail"))
> ws.customer$Region <- factor(ws.customer$Region,
+         labels=c("Lisbon","Oporto","Other Region"))
> summary(ws.customer)
    Channel           Region         Fresh             Milk
 Horeca:298    Lisbon      : 77   Min.   :     3   Min.   :   55
 Retail:142    Oporto      : 47   1st Qu.:  3128   1st Qu.: 1533
               Other Region:316   Median :  8504   Median : 3627
                                  Mean   : 12000   Mean   : 5796
                                  3rd Qu.: 16934   3rd Qu.: 7190
                                  Max.   :112151   Max.   :73498
    Grocery          Frozen        Detergents_Paper    Delicassen
 Min.   :    3   Min.   :   25.0   Min.   :    3.0   Min.   :    3.0
 1st Qu.: 2153   1st Qu.:  742.2   1st Qu.:  256.8   1st Qu.:  408.2
 Median : 4756   Median : 1526.0   Median :  816.5   Median :  965.5
 Mean   : 7951   Mean   : 3071.9   Mean   : 2881.5   Mean   : 1524.9
```

[†12] 数値データをソートした場合にデータの個数を2等分する点。

```
         3rd Qu.:10656    3rd Qu.: 3554.2   3rd Qu.: 3922.0   3rd Qu.: 1820.2
         Max.   :92780    Max.   :60869.0   Max.   :40827.0   Max.   :47943.0
```

因子型の列については、各カテゴリについてのカウントが示され、数値型の列については、**最小値**、**第1四分位点**[13]、中央値、平均値、**第3四分位点**[14]、**最大値**の計算結果が示されます。ベクトルに対して、平均値、中央値を計算するには mean() 関数、median() 関数をそれぞれ用います。

ばらつきの指標については、var() 関数（分散）、sd() 関数（標準偏差）、IQR() 関数（四分位偏差[15]）を用いて計算できます。

```
> var(ws.customer$Fresh)
[1] 159954927
> sd(ws.customer$Fresh)
[1] 12647.33
> IQR(ws.customer$Fresh)
[1] 13806
```

2変数間の直線的な関係の強さを見る場合には、**相関係数**を計算します。Rでは、cor() 関数を用います。

```
> cor(ws.customer[,3:6])
              Fresh      Milk     Grocery      Frozen
Fresh    1.00000000 0.1005098 -0.01185387  0.34588146
Milk     0.10050977 1.0000000  0.72833512  0.12399376
Grocery -0.01185387 0.7283351  1.00000000 -0.04019274
Frozen   0.34588146 0.1239938 -0.04019274  1.00000000
```

相関係数は、+1に近いほど、右上がりの直線的な関係（正の相関）が強く、−1に近いほど、右下がりの直線的な関係（負の相関）が強いことを示唆します。0に近ければ、直線的な関係はないということになります。例えば、Grocery と Milk の相関係数は 0.73 で、比較的強い正の相関があると考えられます。

---

[13] 中央値以上の値の中での中央値。
[14] 中央値以下の値の中での中央値。
[15] 第3四分位点と第1四分位点の差。

1.6 パッケージのインストール

本章の冒頭でも触れましたが、R はパッケージをインストールすることによって、新たな機能や分析手法を利用することができます。パッケージのインストールは、`install.packages()` 関数で行います。例えば、この後に紹介する **dplyr** パッケージをインストールするには以下のようにします[†16]。

```
> install.packages("dplyr")
```

このとき、インストールするパッケージが依存する他のパッケージも同時にインストールされますが、ネットワークの状況などによっては、それらが正常にインストールされないことがあります。その場合は、何度かコマンドを実行し直したり、依存パッケージを個別にインストールしたりすることを試してください。

インストールしたパッケージを利用するには、`library()` 関数を用います。これは、R もしくは RStudio を起動するたびに実行する必要があります。

```
> library(dplyr)
```

1.7 dplyr パッケージによるデータフレームの操作

データ分析の過程で、以下に挙げるようなデータフレームに対する操作が多く実行されます。例えば、与えた条件を満たす変数の値を持つ行の選択（フィルター）、特定の列の取り出し、各変数の要約、因子型の変数によるグループ化、データフレーム同士の結合、ソートなどです。これらは、データベースの操作になじみのある人には典型的な SQL 文で実行されるようなテーブルの操作に対応するものといえばわかりやすいかもしれません。R において標準で提供されている関数によって、これらを実行することも可能ですが、データマイニングを行うような比較的規模の大きいデータに対しては、実行速度の面で難があります。そこで、

---

†16 Windows 環境で初めてパッケージをインストールする場合、RStudio 上で `install.packages()` 関数を実行すると、ライブラリ用のディレクトリが書き込み可能でないとのメッセージが表示され、応答がない状態となります（バージョン 0.99.484 で確認）。これを避けるには、RStudio のメニューから、「Tools」→「Install Packages...」を選択し、パーソナルライブラリを作成するようにします。その後は、メニュー、コマンドのいずれからでもパッケージのインストールが可能になります。

ここでは、データフレームに対するこれらの操作を比較的高速に実行できる上、簡潔で統一感のある文法の関数群を提供する **dplyr** パッケージを紹介します。

パッケージのインストールと読み込みは、前節で説明したとおりです。まず、データフレームに対するフィルターの例を示します。

```
> filter(ws.customer, Frozen>8000, Grocery>9000)
  Channel Region  Fresh  Milk Grocery Frozen Detergents_Paper
1       1      3 112151 29627   18148  16745             4948
2       1      3  36847 43950   20170  36534              239
3       1      1   5909 23527   13699  10155              830
4       1      3  68951  4411   12609   8692              751
5       1      2  32717 16784   13626  60869             1272
6       1      3  29703 12051   16027  13135              182
  Delicassen
1       8550
2      47943
3       3636
4       2406
5       5609
6       2204
> filter(ws.customer, Frozen>8000 | Grocery>9000)
  Channel Region Fresh  Milk Grocery Frozen Detergents_Paper
1       2      3  7057  9810    9568   1762             3293
2       2      3  7579  4956    9426   1669             3321
3       2      3  6006 11093   18881   1159             7425
4       2      3  3366  5403   12974   4400             5977
......
  Delicassen
1       1776
2       2566
3       2098
4       1744
......
```

filter() 関数により、フィルターが実行され、条件を満たす行からなるデータフレームが返されます。第1引数にデータフレーム、第2引数以降に各変数に対する条件式を指定します。条件式をカンマ区切りで記述すると全ての条件を満たす行のみが選択され（AND）、「|」区切りで記述するといずれかの条件を満たす行が選択されます（OR）。

データフレームの指定した変数の列のみを取り出すには、select() 関数を用います。

```
> select(ws.customer, Channel:Milk)
   Channel       Region Fresh  Milk
1   Retail Other Region 12669  9656
2   Retail Other Region  7057  9810
3   Retail Other Region  6353  8808
......
> select(ws.customer, Channel, Delicassen)
   Channel Delicassen
1   Retail       1338
2   Retail       1776
3   Retail       7844
4   Horeca       1788
......
```

第2引数以降で、取り出す列の名前を指定しますが、最初の例のように、連続する列を指定したい場合には、コロン（:）を用いて列名の範囲で記述することができます。連続しない複数の列を指定するには2番目の例のように、カンマ区切りで列名を指定します。

前に紹介した summary() 関数と同様の操作を dplyr パッケージでは、summarize() 関数で実行できます。以下の例では1列目にデータフレームの行数、2列目、3列目にそれぞれ Fresh と Milk の平均値を表示させています。

```
> summarize(ws.customer, n=n(), Fresh.m=mean(Fresh),
+     Milk.m=mean(Milk))
    n Fresh.m  Milk.m
1 440 12000.3 5796.266
```

summarize() 関数は、データフレームを因子型の列を利用してグループ化する group_by() 関数とあわせて利用することで、グループごとの要約を実行することができます。

```
> ws.customer.g <- group_by(ws.customer, Channel, Region)
> summarize(ws.customer.g, n=n(), Fresh.m=mean(Fresh),
+     Milk.m=mean(Milk))
Source: local data frame [6 x 5]
Groups: Channel

  Channel   Region  n   Fresh.m   Milk.m
1  Horeca   Lisbon 59 12902.254 3870.203
2  Horeca   Oporto 28 11650.536 2304.250
```

```
3  Horeca Other Region 211 13878.052  3486.981
4  Retail         Lisbon  18  5200.000 10784.000
5  Retail         Oporto  19  7289.789  9190.789
6  Retail Other Region 105  9831.505 10981.010
```

データフレームのソートには arrange() 関数を用います。

```
> arrange(ws.customer, Fresh, Milk, Grocery)
    Channel Region Fresh  Milk Grocery Frozen Detergents_Paper
1         1      2     3   333    7021  15601               15
2         1      3     3  2920    6252    440              223
3         1      3     9  1534    7417    175             3468
4         2      1    18  7504   15205   1285             4797
5         2      3    23  2616    8118    145             3874
......
    Delicassen
1          550
2          709
3           27
4         6372
5          217
......
```

第2引数以降で、ソートする基準となる変数を指定します。標準では昇順にソートされますが、降順にしたい場合には、以下のように desc() 関数によって変数を指定します。

```
> arrange(ws.customer, desc(Fresh), Milk, Grocery)
    Channel Region  Fresh  Milk Grocery Frozen Detergents_Paper
1         1      3 112151 29627   18148  16745             4948
2         1      3  76237  3473    7102  16538              778
3         1      3  68951  4411   12609   8692              751
4         1      3  56159   555     902  10002              212
5         1      1  56083  4563    2124   6422              730
......
    Delicassen
1         8550
2          918
3         2406
4         2916
5         3321
......
```

(1) %>% によるデータフレーム操作の連結

データフレームの操作においては、1つのデータフレームに対していくつかの操作を連続して実行することが多くあります。例えば、グループ化して、要約、もしくはフィルターにかけて特定の列のみ取り出すなどです。一般には、最初の操作の結果をいったん別の名前のオブジェクトとして保存しておいて、それに対して次の操作を適用します。しかし、これがいくつも続くような場合には、毎回オブジェクトを作成するのは大変煩わしいです。これを抑止するために、以下のような記法を使うことができます。

```
> arrange(ws.customer, desc(Fresh), Milk) %>%
+   select(Channel:Milk) %>%
+   head(3)
  Channel       Region Fresh  Milk
1  Horeca Other Region 112151 29627
2  Horeca Other Region  76237  3473
3  Horeca Other Region  68951  4411
```

1行目の arrange() 関数と続く select() 関数を %>% で連結することによって、arrange() 関数の出力が select() 関数の第1引数に投入されます。以下同じように、その出力が head() 関数の第1引数に投入されます。結果として、データフレームを Fresh 列で降順にソートした結果のうち、Channel から Milk までの列の最初の3行目が表示されています。

1.8 データの可視化

データを可視化することはデータマイニングにおいて欠かすことのできない過程の1つです。もちろん、Rにおいてもデータを可視化するための関数が標準で提供されています。一方、dplyr パッケージと同じ作者により、統一的な文法で高品質な統計グラフを出力するための パッケージが公開されています。ggplot2 パッケージは多くのユーザーに支持されており、一般的に使われるようになっています。ここでは、Rにおける基本的な統計グラフの出力方法を、標準で提供される関数による方法と、ggplot2 パッケージを用いた方法で説明します。なお、ggplot2 パッケージは以下のようにしてインストールします。

```
> install.packages("ggplot2")
> library(ggplot2)
```

1.8.1 棒グラフ

棒グラフは主に質的変数と比例尺度の組からなるデータを可視化するために使われます。ws.customer データにおいて、Channel の度数は以下のように table() 関数により集計できます。

```
> channel.tab <- table(ws.customer$Channel)
> channel.tab
Horeca Retail
   298    142
```

この度数に基づいて棒グラフを描くには、以下のように barplot() 関数を使います。

```
> barplot(channel.tab, ylim=c(0,300),ylab="度数")
```

出力結果は図 1.7 のようになります。

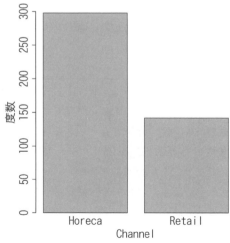

図 1.7　barplot( ) 関数による棒グラフ

ggplot2パッケージで基本的な統計グラフを描画するにはqplot()関数を用います。ggplot2パッケージでの描画関数においては、基本的にデータフレームを指定し、データフレーム内の変数と描画要素（x軸、y軸、データに対応する図形の色、大きさなど）との対応関係を記述します。例えば、棒グラフの場合、以下のようになります。

```
> qplot(Channel, data=ws.customer, fill=I("grey"), ylab="度数")
```

qplot()関数で引数に因子型の変数が1つだけ指定された場合には、棒グラフが描かれます（図1.8）。

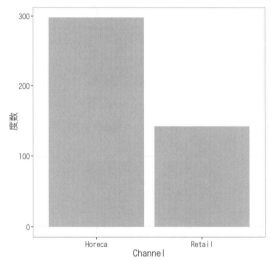

図1.8　qplot()関数による棒グラフ

棒グラフの棒を別の質的変数のカテゴリの比率に応じて区切り、対応する色を割り当てることができます。**積み上げ縦棒グラフ**と呼ばれるものです。

```
> # 積み上げ縦棒グラフ
> qplot(Channel, data=ws.customer, fill=Region, ylab="度数")
> # 帯グラフ
> qplot(Channel, data=ws.customer, fill=Region, ylab="比率",
+     position="fill")
```

出力結果は図 1.9、図 1.10 のようになります。fill 引数に塗り分けに用いる質的変数を指定します。また、position="fill" を指定すると、**帯グラフ**（100%積み上げ縦棒グラフ）となります。

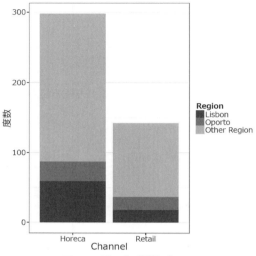

図 1.9　積み上げ縦棒グラフ

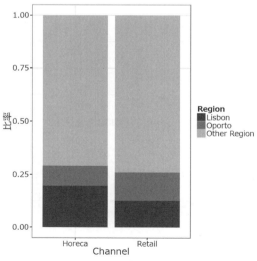

図 1.10　帯グラフ

■1.8.2 ヒストグラム

量的変数の値の分布を見るには**ヒストグラム**を使います。ヒストグラムは、量的変数の値の範囲をいくつかの区間に分割し、区間ごとに描かれた棒の面積が、その区間に含まれる値の個数に比例するようにしたものです。例えば、Milk のヒストグラムを描くには以下のように hist() 関数を使います。

```
> hist(ws.customer$Milk,breaks=20,xlim=c(0,80000),ylim=c(0,300),
+       xlab="Milk",ylab="度数",main="")
```

出力結果は図 1.11 のようになります。breaks 引数で分割する区間の数を指定します[17]。

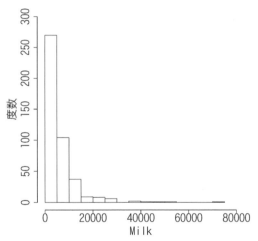

図 1.11　hist() 関数によるヒストグラム

ggplot2 パッケージでは、以下のようになります。

```
> qplot(Milk,data=ws.customer, fill=I("grey"), color=I("black"),
+       binwidth=4000)
```

qplot() 関数で 1 つの量的変数が指定された場合にはヒストグラムが描かれます（図 1.12）。binwidth 引数で、分割する区間の幅を指定します[18]。

---
[17] 分割方法の指定の仕方はいくつかありますので、詳しくはヘルプを参照してください。
[18] 指定しなければ警告が出てデフォルト値で描かれます。

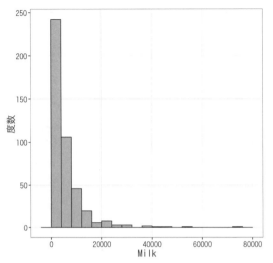

図 1.12　qplot( ) 関数によるヒストグラム

▪1.8.3　箱ひげ図

　箱ひげ図は、質的変数により分類された個体のグループごとに、量的変数の分布を比較したい場合に使います。例えば、Channel ごとに Milk の分布を比較したい場合に、箱ひげ図を描くには以下のように boxplot() 関数を用います。

```
> boxplot(Milk~Channel, data=ws.customer, ylim=c(0,80000))
```

　出力結果は図 1.13 のようになります。箱ひげ図は、箱の 3 本の水平線が下から順に第 1 四分位点、第 2 四分位点（中央値）、第 3 四分位点となっています。ひげ（箱の中央から延びる垂直な線）の下限と上限はそれぞれ、第 1 四分位点 $-1.5 \times$ 四分位範囲内、第 3 四分位点 $+1.5 \times$ 四分位範囲内のデータの最小値および最大値となっています。その範囲外のデータは**外れ値**としてプロットされています。箱ひげ図は外れ値をチェックするツールとしても有効です。

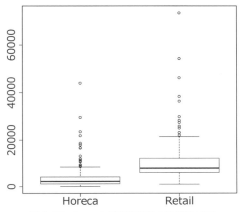

図 1.13　boxplot( ) 関数による箱ひげ図

ggplot2 パッケージで箱ひげ図を描くには、以下のようにします。

```
> qplot(Channel, Milk, data=ws.customer, geom="boxplot")
```

qplot( ) 関数で質的変数と量的変数が指定された場合にはドットチャートが出力されます。箱ひげ図を出力したい場合には geom="boxplot" の指定が必要です（図 1.14）。

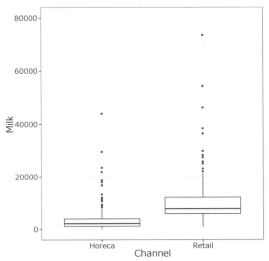

図 1.14　qplot( ) 関数による箱ひげ図

1.8.4 散布図

2つの量的変数の値の組を座標平面上の点としてプロットしたものが**散布図**です。散布図を作成することで、2つの量的変数の関連性を見ることができます。例えば、Grocery と Detergents_Paper の散布図を描くには、以下のように plot() 関数を用います。

```
> plot(ws.customer$Grocery, ws.customer$Detergents_Paper,
+      xlab="Grocery", ylab="Detergents_Paper")
```

出力結果は図 1.15 のようになります。この結果を見ると、Grocery の値が大きいほど Detergents_Peper の値も大きくなる直線的な傾向（正の相関）が見られます。

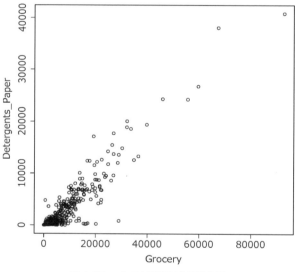

図 1.15　plot( ) 関数による散布図

ggplot2 パッケージで散布図を描くには、以下のようにします。

```
> qplot(Grocery, Detergents_Paper, data=ws.customer)
```

qplot()関数で2つの量的変数が指定された場合には散布図が描画されます（図 1.16）。

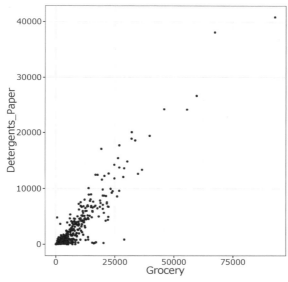

図 1.16　qplot( ) 関数による散布図

また、散布図におけるプロットの色や大きさをそれぞれ別の質的変数や量的変数に対応させて描くこともできます。

```
> qplot(Grocery, Detergents_Paper,
+       color=Channel, size=Fresh, data=ws.customer)
```

出力結果は図 1.17 のようになります。color 引数に色に対応させる因子型の質的変数、size 引数に大きさに対応させる量的変数を指定します。

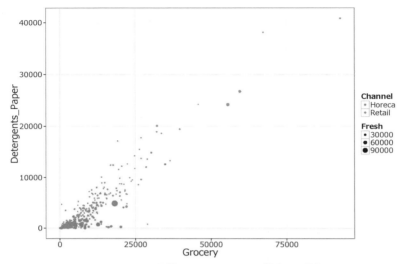

図 1.17　qplot( ) 関数で color と size を指定した散布図

▪1.8.5　層別のプロット

　ggplot2 パッケージを利用すると、質的変数のカテゴリごとのプロットを簡単に出力することができます。例えば、Channel ごとに Grocery と Detergents_Paper の散布図を出力するには、以下のようにします。

```
> qplot(Grocery, Detergents_Paper,
+       color=Channel, size=Fresh, data=ws.customer,
+       facets=~Channel)
```

　出力結果は図 1.18 のようになります。facets 引数に層別を行うための質的変数を指定します。この例のように ~Channel と指定すると横方向にChannel 変数の 2 つの水準に対する散布図が並びますが、Channel~. と指定すると縦方向に並びます。また、Region~Channel と指定すれば、横方向の Channel についての分割に加え、縦方向に Region に関する分割が追加され、計 6 個の散布図が描画されます。

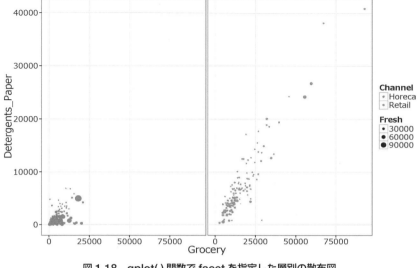

図 1.18　qplot( ) 関数で facet を指定した層別の散布図

第2章 データマイニングとは

最近のはやりのように、「ビッグデータ」や「データサイエンス」という言葉が使われていますが、ほぼ 10 年前に「データマイニング」という言葉が使われていました。データマイニングとデータサイエンスは何が違うのでしょうか？ ビッグデータはデータマイニングで解決できないのでしょうか？

2.1 ビッグデータとデータサイエンス

IT 機器の進歩およびインターネットのインフラの充実により、様々なデータの取得が容易になっています。それらの多くは自動的にストレージに保管されており、極めて大量の分析可能な状態にあるデータ（ビッグデータ）が存在しています。**ビッグデータ**というのは、単純にデータが大きいということを意味するのではなく、興味関心のある分野において、データが様々な形で連結して分析可能であることを意味しています。ビッグデータの定義として「3V」すなわち、Volume（データ量）、Velocity（入出力データの速度・頻度）、Variety（データタイプとデータ源の種類が多様で複雑）が提案されていましたが、4 つ目の V として、Veracity（正確さ）が追加されています。オープンデータをはじめ多くのデータが利用可能になることで、大量のデータが分析可能になり、分析の目的のために連結可能な情報源（データ）を含むシステム全体をビッグデータと呼ぶこともあります。

そこで、そのようなデータを有効活用する必要から、データサイエンスが注目されています。**データサイエンス**と一口に言っても、その内容は様々で、単純にデータの要約からデータの理解までのもの、高度な統計解析手法を使って精力的に問題解決に当たるものまであります。

2.2 CRISP-DM

CRISP-DM(CRoss-Industry Standard Process for Data Mining)は、SPSS、NCR、ダイムラークライスラー、OHRA がメンバーとなっているコンソーシアムにて開発されたデータマイニングのための方法論を規定したものです。CRISP-DM の概念図を図 2.1 に示します。

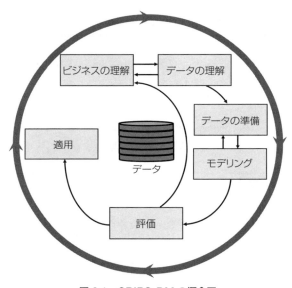

図 2.1 CRIPS-DM の概念図

CRISP-DM のフローは 1 回限りのものではありません。データマイニングにより新たな知見が得られ、それがビジネスの発展に有効であったとしても、しばらく経つと、状況の変化によって新たな問題が生じ、さらなる改善のために再びデータマイニングを行う、という永続的なプロセスとなります。

2.2.1 ビジネスの理解

データマイニングの最初のステップは解決したい課題が何であるのかを明確にすることであり、それがビジネスの理解です。本書ではデータマイニングにおけるビジネスという用語を、マーケティングに限定するのではなく、データマイニングにより課題解決を図りたい分野・対象と捉えています。しかしなが

ら、データマイニングの開始時に必ずしも課題が明確になっているわけではなく、データマイニングを通してビジネスの理解が深まり、新たな課題に至ることもあります。

　データマイニングのプロセスにおいては、課題を解決するために、どのようなデータが利用でき、どのような分析が可能か理解しつつ、課題の設定をしなければなりません。ビールの売上を上げることが課題であったとき、天気がよければよく売れることがわかっても、天気をよくすることはできないので、改善可能な項目をしっかり準備し、何を改善することが効率よく売上増につながるか考える必要があります。

◼2.2.2　データの理解

　データマイニングにおいては、データはビジネスの理解を図っているときに、すでに分析可能であると把握できているデータだけではなく、入手可能で関係があると考えられるデータを分析に追加すべき場合もあります。必要に応じて顧客にアンケートをとるなどが有効なこともあります。天気のデータなどは気象庁から簡単に入手できますし、そのほかにもオープンデータとして利用できるデータは増えています。それらをうまく関連付けることにより、様々なデータ解析が可能となり、問題解決につながることもあります。しかし、関連のあまりないデータをたくさん用意してもよい分析結果につながるわけではありません。

　データの取得に関しても十数年前とは異なり、センサーやシステムにより自動的に大量のデータが取得できる状況となっています。そのようなデータを分析する際には、大量のデータの全体をまとめて分析するのではなく、性質の異なるグループごとに分けて分析することで、よりよいモデルを見つけることが可能になります。

◼2.2.3　データの準備

　入手できたデータは、そのままデータマイニングで使われることもありますが、多くの場合に分析の前処理が必要です。データの準備はデータの理解と並行して、行ったり来たりすることになります。

　例えば、太陽光発電量のデータと気温や日照量などの気象データを入手し、気象データと太陽光発電量の関係について考えているとしましょう。太陽光発

電量は1時間ごとに計測されたデータがあり、気象データは最高気温、最低気温など1日に1つのデータであったとすると、太陽光発電量は最高値もしくは積算値として1日のデータに直さないとデータの対応がとれません。また、ある時間についてはシステム異常でデータが欠落していたり異常に大きな値（外れ値）となったりした場合には、何らかの方法で正常と思われるデータを補完するか、そのデータは欠損値として扱うか判断し処理しなければなりません。さらに、分析によっては曜日の情報を平日と休日という2値で表すことで分析がうまくいくこともあります。年齢についてのデータが得られているときに、年代をカテゴリーデータ（質的データ）として扱った方が分析がうまくいくこともあります。さらには、分析結果の出力を新たなデータとして次の分析で活用することもあります。

2.2.4　モデリング

モデリングについては、次節でデータマイニング手法についての概要を示し、第II部で章ごとに各種の分析手法を紹介します。**モデリング**は、データマイニングプロセスの中で、データ解析を担う中心的なプロセスです。このモデリングでは、ビジネスの課題が何で、どのような課題を解決したいか、課題についてどのようなヒントが欲しいのかを明確にしておくことが重要です。

大きく分けると、モデリングは、課題解決の目的に対して「予測と判別」「分類・クラスタリング」「ルールの発見」「次元縮約」について、いくつかの手法が研究されています。これらの目的のそれぞれに対して、データマイニング手法（データ解析手法）があります。

2.2.5　評価

データマイニングの手法として、統計学の分野から提案された方法の多くは確率分布を前提としているため、予測の精度を見積もることができます。データマイニング手法には、機械学習と呼ばれる方法もあり、モデリングの結果が未知のデータに対してどの程度適合可能であるか判定し、必要ならばデータを学習データとテストデータに分け、モデルの当てはまりを評価することができます。本書で扱ういくつかの予測・判別のためのモデリング手法では、モデルの適合度指標を計算して、複数のモデルの当てはまりを比較します。また、ビジネスに適用した際にも、あるモデルを求めてから状況の変化に応じてモデル

を見直す必要があります。その際にも、提案方法がうまく機能しているかを確認し、場合によってはモデルの再検討を行う必要があります。また、評価結果によっては再分析を行う必要があります。

■2.2.6 適用

適用の段階は、モデリングにより何らかの示唆を受けたアイディアを、ビジネスの現場に落としこむプロセスです。この適用の状況を考えて分析を行う必要があります。つまり、改善につながる説明変数を用いることが重要になります。適用した結果、実際にビジネスの問題が解決しなかった場合には、再度モデリングを行い、よりよい結果になるまで分析を行います。

また、適用によってビジネスの問題が解決に向かった場合でも、その後しばらくしたら、現状分析を行い、必要に応じてモデルの変更をしなければならないこともある、ということを踏まえておく必要があります。

2.3 データマイニング手法

■2.3.1 データの種類とモデリング

データは1つ以上の変数からなり、変数は**質的変数**と**量的変数**に大別されます。量的変数は数値として観測されるものです。

量的変数としては、本質的には実数値なのですが、年齢〔才〕などのように整数値として得られるものや、身長〔cm〕などのようにある桁に揃えられた小数として扱われるものと、人数などのような集計され（カウントデータとも呼ばれます）本質的に整数（離散値）であるものがあります。

質的変数は数値ではなくいくつかの属性値のうちの1つをとるもので、性別（「男」と「女」）や血液型（「A型」「B型」「O型」「AB型」）のように値の順序に特に関係のない**名義尺度**と、年代（「10代」「20代」「30代」など）のように値の並びに意味のある**順序尺度**があります。データ解析システムによっては、質的変数を数値（例えば0、1）で保持して分析することも可能ですが、システムにおいて変数の型をしっかり設定していないと、間違った分析が実施されることもあります。

データ分析には、大きく分けると**教師あり学習**と**教師なし学習**があります。
教師あり学習（Supervised Learning）では、過去のデータに予測したい目

的変数についての測定値があり、それを説明するための説明変数を使って過去のデータから予測モデルを構築します。一部の個体については目的変数のデータが得られていない（欠損値となっている）とき、得られている目的変数値と欠損値の情報を活用した**半教師あり学習**という方法もあります。

一方、教師なし学習（Unsupervised Learning）には、目的変数を持たないようなデータに対してその特徴から分類（クラスタリング）を行う方法や、多数の変数の情報をより少ない次元で説明する**主成分分析**（量的変数の次元縮約）や**対応分析**（質的変数の次元縮約）などがあります。

■2.3.2　予測と判別

予測は目的変数を1つ以上の説明変数の情報を用いて予測する方法で、目的変数が量的変数の場合には**数値予測**となり、目的変数が質的変数の場合には**カテゴリー予測**となります。カテゴリー予測はデータマイニングの分野では**分類**と呼ばれることがありますが、クラスター分析などのグルーピングの手法を分類と呼ぶことがあるため、本書では統計学の分野で使われる**判別**という用語を用います。

数値予測の代表格は、**回帰分析**（第3章）であり、判別に用いられるのは**ロジスティック回帰分析**（第4章）です。ニューラルネットワーク（本書では詳しく扱いません）、**決定木分析**（第5章）、**サポートベクターマシン**（**SVM**）（第6章）、**記憶ベース推論**（第7章）は数値予測にも判別にも用いることができる手法です。

■2.3.3　分類・クラスタリング

分類（classificaton）は、目的変数を持たない、教師なし学習の代表になります。分析対象の集団をデータから似ている（**類似度**）もしくは似ていない（**非類似度**）ことを基準にいくつかのグループに分割するための方法です。**クラスター分析**（第8章）や**自己組織化マップ**（**SOM**）（第9章）などの手法があります。

■2.3.4　次元縮約

データマイニングでは、非常に大量のデータを扱うことが多いため、取り扱う変数の数についてはある程度吟味しないとデータの理解が難しくなります。

多数の変数の情報をより少ない次元で説明するための方法として、**主成分分析**（第10章）や**対応分析**（第11章）などがあります。

▪2.3.5　ルールの発見

マーケットバスケット分析として、スーパーなどで一緒に購入する商品の組み合わせについて、大量データから効率よく発見を行う方法が**アソシエーションルール分析**（第12章）です。

アソシエーションルール分析はデータマイニング手法の代表的な手法です。

第 II 部
データマイニング手法

第3章	回帰分析
第4章	ロジスティック回帰分析
第5章	決定木分析
第6章	サポートベクターマシン（SVM）
第7章	記憶ベース推論
第8章	クラスター分析
第9章	自己組織化マップ（SOM）
第10章	主成分分析
第11章	対応分析
第12章	アソシエーションルール分析

第3章 回帰分析

　回帰分析はいくつかの量的変数の値の組から1つの量的変数の値を予測するモデルを作成するための手法です。例えば、天気や気温から季節商品（例えば、ビールやホットコーヒー）の売上を予測したり、社員の能力に関する指標から給与の予測をしたりするなどです。この予測のためのモデルを、実際に得られたデータから作成します。

3.1 単回帰分析

　まず、最も簡単な回帰分析である**単回帰分析**を紹介します。単回帰分析は1つの量的変数の値から1つの量的変数の値を予測する分析手法です。予測される変数を**従属変数**もしくは**目的変数**、予測に使われる変数を**独立変数**もしくは**説明変数**と呼びます。単回帰分析は、説明変数と目的変数の散布図に、最もよくフィットする直線（**回帰直線**）を引くことであるとイメージするとよいでしょう。説明変数を x とし、その観測値を $x_1, x_2, \cdots, x_n$、目的変数を y とし、その観測値を $y_1, y_2, \cdots, y_n$ とします。このとき、直線の式は

$$y = ax + b \tag{3.1}$$

と表すことができ、

$$\hat{y}_i = ax_i + b \tag{3.2}$$

がこの直線による x_i に対する予測値となります。単回帰分析では、観測値 y_i と予測値 $\hat{y}_i$ のずれの大きさが最小になるように、係数 a と b の値を決定します。

ここでは、第1章でも用いた UCI Machine Learning Repository から、自転車シェアリングデータ[†1] を用いた分析例を示します。zip 形式のデータをダウンロードして解凍すると、2つの csv ファイルが得られます。ここでは、1日ごとのデータである day.csv を使うことにします。

```
> bike <- read.csv("day.csv")
```

変数の一覧を表3.1[†2] に示します。

表3.1 自転車シェアリングデータの変数一覧

変数名	説明
instant	レコード番号
dteday	日付
season	季節（1：春、2：夏、3：秋、4：冬）
yr	年（0：2011、1：2012）
month	月
holiday	祝日（0：祝日以外、1：祝日）
weekday	曜日（0：日曜〜6：土曜）
workingday	休日（0：休日以外、1：休日）
weathersit	天気
temp	気温（摂氏）
atemp	体感気温（摂氏）
hum	湿度
windspeed	風速
casual	一時ユーザー
registered	登録ユーザー
cnt	利用者数

1つの仮説として、「体感気温が高いほど、利用者数が多い傾向にある」ということが考えられます。散布図を描いて確認してみましょう。

```
> library(ggplot2)
> qplot(atemp, cnt, data=bike)
```

おおよそ、仮説は正しいように思えます。回帰直線は以下のように geom_

[†1] https://archive.ics.uci.edu/ml/datasets/Bike+Sharing+Dataset
[†2] weathersit は 1：晴・曇、2：小雨、3：雨・雪、4：大雨・豪雨、temp、atemp、hum、windspeed は正規化された数値。

smooth()関数でmethod引数に"lm"[†3]を指定することで描くことができます。

```
> qplot(atemp, cnt, data=bike) + geom_smooth(method="lm")
```

出力結果は図3.1のようになります。

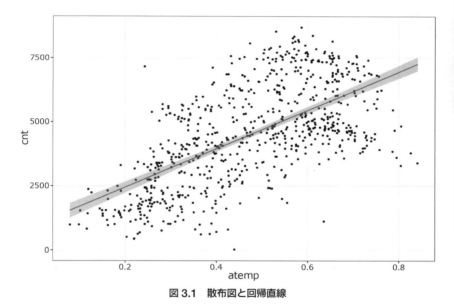

図3.1 散布図と回帰直線

実際に回帰直線を計算するにはlm()関数[†3]を用います。

```
> bike.lm <- lm(cnt~atemp, data=bike)
> bike.lm

Call:
lm(formula = cnt ~ atemp, data = bike)

Coefficients:
(Intercept)        atemp
      945.8       7501.8
```

lm()関数の最初の引数には、モデル式を「目的変数 ~ 説明変数」の形式で

[†3] Linear Model（線形モデル）の頭文字。

記述し、data 引数にデータフレームを指定します。結果を表示させると回帰直線の切片（Intercept）と傾き（atemp）が出力されます。この回帰直線は

$$y = 7501.8x + 945.8 \tag{3.3}$$

となることがわかります。より詳しい結果を見るには

```
> summary(bike.lm)
```

とします。出力結果は図 3.2 のようになります。

```
Call:
lm(formula = cnt ~ atemp, data = bike)

Residuals:
    Min      1Q  Median      3Q     Max
-4598.7 -1091.6   -91.8  1072.0  4383.7

Coefficients:
            Estimate Std. Error t value Pr(>|t|)
(Intercept)    945.8      171.3   5.522 4.67e-08 ***
atemp         7501.8      341.5  21.965  < 2e-16 ***
---
Signif. codes:  0 '***' 0.001 '**' 0.01 '*' 0.05 '.' 0.1 ' ' 1

Residual standard error: 1504 on 729 degrees of freedom
Multiple R-squared:  0.3982,    Adjusted R-squared:  0.3974
F-statistic: 482.5 on 1 and 729 DF,  p-value: < 2.2e-16
```

図 3.2　summary(bike.lm) の出力

Residuals は、観測値 y_i と予測値 $\hat{y}_i$ との差である**残差**の分布を最小値、第 1 四分位点、中央値、第 3 四分位点、最大値の順に示しています。Coefficients は、回帰直線の**回帰係数**（傾きや切片）についての情報です。Estimate（推定値）はデータから計算された係数の値です。Std. Error は**標準誤差**と呼ばれる推定値の標準偏差です。観測値を全体（**母集団**）の一部と考えた場合、データから計算した推定値は一定のばらつきを持ちます。大まかに考えて 6〜7 割程度の確からしさで真の回帰係数が

Estimate±Std.Error の範囲にあるということです。Pr(>|t|) は回帰係数の検定についての **p値** と呼ばれるもので、この値は回帰係数がゼロであると仮定したとき、実際に得られた値以上に回帰係数がゼロから離れる確率を示しています。つまり、回帰係数がゼロでないということが、どの程度確からしいかを示す値です。この値が十分小さいと、ゼロでないという確信度が強まります。0.05 よりも小さい場合 *（アスタリスク）が 1 つ、0.01 よりも小さい場合 **、0.001 よりも小さい場合 *** が表示されます。Multiple R-squared は **決定係数** と呼ばれるもので、回帰直線によって、観測値のばらつきがどの程度説明されているかを示しています。決定係数は 0 から 1 の間の値をとり、1 に近いほど回帰直線の説明力が高く、ちょうど 1 になったときには、全ての観測値が直線上に並びます。F-statistic は、この回帰直線全体の有効性に関する検定結果を示している値で、回帰係数がゼロでない場合に大きくなる傾向にあります。p-value が十分小さいと、回帰モデルを用いる必要がないという仮説を否定したことになります。

回帰分析によって得られた回帰係数による予測値および残差は、以下のコマンドで計算することができます。

```
> bike.res <- residuals(bike.lm)
> bike.pred <- predict(bike.lm)
```

また、残差のヒストグラムおよび、予測値と観測値の散布図を描いてみます。

```
> qplot(bike.res,binwidth=500,color=I("black"),fill=I("grey"))
> qplot(bike.pred, bike$cnt)+geom_smooth(method="lm")
```

出力結果は図 3.3 および図 3.4 のようになります。残差のヒストグラムを見ると、分布にやや偏りがあるように思えます。予測値と観測値の散布図からは、値が小さいところで、予測値よりも観測値が小さくなる傾向が見てとれます。

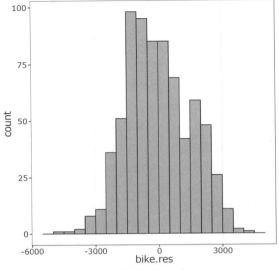

図 3.3 残差のヒストグラム

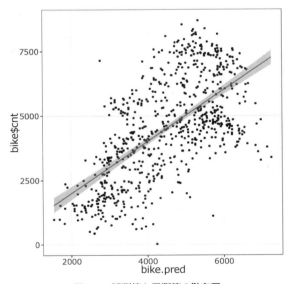

図 3.4 観測値と予測値の散布図

3.2 重回帰分析

単回帰分析では、1つの説明変数（体感気温）から1つの目的変数（利用者数）を予測しました。しかし、体感気温以外にも利用者数に影響する変数はありそうです。2つ以上の説明変数の線形結合によって1つの目的変数の値を予測する手法を**重回帰分析**と呼びます。

p 個の説明変数を $x_1, x_2, \cdots, x_p$ とし、それぞれの観測値を各列に並べた行列を式 (3.4) のように考えます。

$$X = \begin{pmatrix} x_{11} & x_{12} & \cdots & x_{1p} \\ x_{21} & x_{22} & \cdots & x_{2p} \\ \vdots & \vdots & \ddots & \vdots \\ x_{n1} & x_{n2} & \cdots & x_{np} \end{pmatrix} \tag{3.4}$$

目的変数を y とし、その観測値を $y_1, y_2, \cdots, y_n$ とします。このとき、単回帰分析における回帰直線は、重回帰分析においては p 次元上の超平面

$$y = \beta_0 + \beta_1 x_1 + \beta_2 x_2 + \ldots + \beta_p x_p \tag{3.5}$$

に相当し、

$$\hat{y}_i = \beta_0 + \beta_1 x_{i1} + \beta_2 x_{i2} + \ldots + \beta_p x_{ip} \tag{3.6}$$

がこの超平面による i 番目の個体に対する予測値となります。単回帰分析と同様に、観測値 y_i と予測値 $\hat{y}_i$ のずれの大きさが全体として最小になるように、係数 $\beta_0, \beta_1, \cdots, \beta_p$ の値を決定します。

単回帰分析と同じデータに対して、重回帰分析を行ってみましょう。重回帰分析では量的な複数の説明変数から量的な1つの目的変数を予測する式を当てはめます。一方、bike データには、season や weekday などのいくつかの質的変数が含まれます。これらの質的変数も**ダミー変数**を用いることにより、重回帰分析の説明変数として用いることができます。まず、以下のように分析に用いる質的変数を抽出します（dplyr パッケージが必要です）。

```
> library(dplyr)
> bike.cat <- bike %>%
+   select(season:weathersit) %>%
+   mutate_each(funs(factor))
```

4行目のmutate_each()関数は、dplyrパッケージで提供されている全ての列に同一の関数を適用するためのものです。bikeデータに含まれる質的変数は、実際は数値型となっていますので、factor()関数により因子型に変換しています。

次に、これらの変数をダミー変数に変換します。ダミー変数とは、質的変数の各水準を0もしくは1の値をとる新たな変数として表現したものです。例えばholidayの場合、表3.2のようになります。

表 3.2 ダミー変数に変換

holiday	祝日以外	祝日
0	1	0
1	0	1
1	0	1
0	1	0

実際にダミー変数に変換するには、**caret**パッケージのdummyVars()関数を利用すると便利です。dummyVars()関数は、ダミー変数を構成するための情報が格納されたリストを返します。これを用いて、predict()関数で実際にダミー変数に変換します。

```
> install.packages("caret")
> library(caret)
> tmp <- dummyVars(~., data=bike.cat)
> bike.dum <- predict(tmp, bike.cat)
```

ダミー変数に変換された因子型の変数と、重回帰分析に用いる量的変数をcbind()関数で結合して、重回帰分析を実行します。

```
> bike01 <- cbind(select(bike,temp:windspeed,cnt), bike.dum)
> bike.lm.0 <- lm(cnt~., data=bike01)
> summary(bike.lm.0)
```

lm()関数の第1引数のモデル式cnt~.において、ピリオドはcnt以外の全ての変数を説明変数として用いるという意味です。summary()関数で分析結果を見てみます（図3.5）。

```
Call:
lm(formula = cnt ~ ., data = bike01)

Residuals:
    Min      1Q  Median      3Q     Max
-3944.7  -348.2    63.8   457.4  2912.7

Coefficients: (8 not defined because of singularities)
              Estimate Std. Error t value Pr(>|t|)
(Intercept)   2877.014    405.661   7.092 3.23e-12 ***
temp          2855.011   1398.156   2.042 0.041526 *
atemp         1786.157   1462.120   1.222 0.222261
...中略...
workingday.1        NA         NA      NA       NA
weathersit.1  1965.087    197.052   9.972  < 2e-16 ***
weathersit.2  1502.548    184.503   8.144 1.75e-15 ***
weathersit.3        NA         NA      NA       NA
---
Signif. codes:  0 '***' 0.001 '**' 0.01 '*' 0.05 '.' 0.1 ' ' 1

Residual standard error: 769.2 on 702 degrees of freedom
Multiple R-squared:  0.8484,    Adjusted R-squared:  0.8423
F-statistic: 140.3 on 28 and 702 DF,  p-value: < 2.2e-16
```

図 3.5　summary(bike.lm.0) の出力

　結果の見方は単回帰分析と同様ですが、説明変数が複数含まれています。各変数に対応する回帰係数とゼロであるか否かの検定結果が並んでいます。いくつかの係数が NA となっています。これはダミー変数に起因するものです。変数 holiday の例で説明すると、祝日以外の変数が 0 となる行は、必ず祝日の変数は 1 となるという関係にあるため、一方の変数を用いるだけで十分ということです。決定係数は 0.85 となっており、単回帰分析の場合（0.40）に比べて回帰モデルの説明力が向上していると考えられます。

　このモデルでは利用可能な全ての変数を用いています。一般に多くの変数を使えばデータに対するモデルの当てはまりはよくなりますが、当てはまりすぎると予測性能が低下します。また、実際には予測に役に立たない変数も含まれているかもしれません。これを解決するために、**変数選択**により最適な説明変数群を特定します。**MASS** パッケージに含まれる stepAIC() 関数により、変数選択が実行できます。

```
> library(MASS)
> bike.lm.1 <- stepAIC(bike.lm.0)
```

stepAIC() 関数は重回帰分析の実行結果に対して、一部の説明変数での重回帰分析を説明変数の組み合わせを変更しながら実行していきます。最適なモデルを選択するための指標として **AIC**（Akaike Information Criteria：**赤池情報量規準**）があり、この値が最小となる説明変数の組によるモデルを最適なモデルとします。stepAIC() 関数を実行して、最後に出力されるモデルがAIC が最小、つまり最適なモデルとなります。

この AIC 最小のモデルを確認します。

```
> bike.lm.1

Call:
lm(formula = cnt ~ temp + hum + windspeed + season.1 + season.2 +
    season.3 + yr.0 + mnth.3 + mnth.4 + mnth.5 + mnth.6 + mnth.8 +
    mnth.9 + mnth.10 + holiday.0 + weekday.0 + weekday.1 +
    weathersit.1 + weathersit.2, data = bike01)

Coefficients:
 (Intercept)          temp           hum     windspeed      season.1
      2843.1        4544.9       -1571.7       -2938.5       -1443.7
    season.2      season.3          yr.0        mnth.3        mnth.4
      -582.0        -676.8       -2015.4         507.2         434.2
      mnth.5        mnth.6        mnth.8        mnth.9       mnth.10
       694.1         467.1         405.6        1015.3         608.0
   holiday.0     weekday.0     weekday.1  weathersit.1  weathersit.2
       621.3        -387.4        -170.7        1984.5        1525.1

> summary(bike.lm.1)
```

summary() 関数の出力を図 3.6 に示します。

```
Call:
lm(formula = cnt ~ temp + hum + windspeed + season.1 + season.2 +
    season.3 + yr.0 + mnth.3 + mnth.4 + mnth.5 + mnth.6 + mnth.8 +
    mnth.9 + mnth.10 + holiday.0 + weekday.0 + weekday.1 +
    weathersit.1 + weathersit.2, data = bike01)

Residuals:
    Min      1Q  Median      3Q     Max
-4024.3  -368.3    88.3   446.7  2959.4

Coefficients:
              Estimate Std. Error t value Pr(>|t|)
(Intercept)    2843.14     382.58   7.432 3.09e-13 ***
temp           4544.87     321.40  14.141  < 2e-16 ***
hum           -1571.66     284.84  -5.518 4.81e-08 ***
windspeed     -2938.53     402.87  -7.294 8.05e-13 ***
season.1      -1443.67     102.50 -14.085  < 2e-16 ***
season.2       -581.97     171.29  -3.398 0.000718 ***
season.3       -676.79     140.35  -4.822 1.74e-06 ***
yr.0          -2015.43      57.73 -34.911  < 2e-16 ***
mnth.3          507.18     125.26   4.049 5.71e-05 ***
mnth.4          434.23     186.50   2.328 0.020176 *
mnth.5          694.10     190.35   3.646 0.000285 ***
mnth.6          467.05     162.19   2.880 0.004101 **
mnth.8          405.58     131.24   3.090 0.002078 **
mnth.9         1015.28     122.39   8.296 5.41e-16 ***
mnth.10         608.02     126.24   4.816 1.79e-06 ***
holiday.0       621.28     178.28   3.485 0.000523 ***
weekday.0      -387.43      82.61  -4.690 3.28e-06 ***
weekday.1      -170.74      85.48  -1.997 0.046161 *
weathersit.1   1984.51     195.26  10.163  < 2e-16 ***
weathersit.2   1525.08     182.62   8.351 3.54e-16 ***
---
Signif. codes:  0 '***' 0.001 '**' 0.01 '*' 0.05 '.' 0.1 ' ' 1

Residual standard error: 767.1 on 711 degrees of freedom
Multiple R-squared:  0.8473,    Adjusted R-squared:  0.8432
F-statistic: 207.6 on 19 and 711 DF,  p-value: < 2.2e-16
```

図 3.6 summary(bike.lm.1) の出力

　決定係数は 0.85 で，全ての変数を説明変数として用いた場合とほぼ変わっていません．採用された説明変数の回帰係数について見ていくと，量的変数については，気温が高いほど利用者は増え，湿度，風速の値が高いほど，利用者

は減る傾向にあることがわかります。質的変数については、yr.0 の係数が負となっているので、2011 年の利用者は 2012 年の利用者よりも全体的に少ないようです。さらに、おおむね 3 月から 10 月（mnth.3 から mnth.10）の係数が正であるので、この時期の利用者数は他の月よりも多い傾向にありそうです。同様に見ていくと、祝日よりも平日の方が多いこと、悪天候の場合は少ないということなどがわかります。季節に関しては、春から秋の係数が負となっていますが、季節の対応が 1 月から 3 月が春、4 月から 6 月が夏、7 月から 9 月が秋、10 月から 12 月が冬となっており、一般的な感覚と少しずれる点に注意が必要です。

単回帰分析と同様に、残差のヒストグラムと観測値と予測値の散布図を描画してみましょう。

```
> qplot(residuals(bike.lm.1), binwidth=500,
+     color=I("black"),fill=I("grey"))
> qplot(predict(bike.lm.1), bike$cnt)+geom_smooth(method="lm")
```

出力結果は図 3.7 および図 3.8 のようになります。

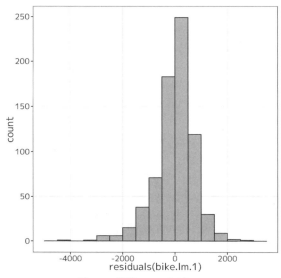

図 3.7　残差のヒストグラム

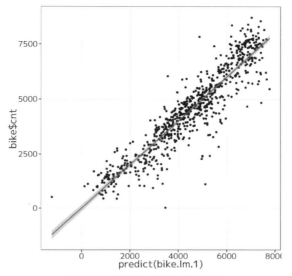

図 3.8 観測値と予測値の散布図

いずれの出力を見ても、単回帰分析の場合に比べて、モデルの当てはまりが改善していることがわかります。

実は、Rの lm() 関数などでは、このようにダミー変数に変換しなくても、質的変数は自動的にダミー変数にして解析してくれます。ダミー変数にせずに、因子に変換した質的変数を説明変数としてデータフレームを作ります。

```
> bike02 <- cbind(dplyr::select(bike,temp:windspeed,cnt),
+     bike.cat)
```

ここで、dplyr::select としているのは、先ほど library(MASS) として MASS パッケージを読み込んだときに、dplyr パッケージの select() がマスクされた (上書きされ、単純に select() 関数を用いると MASS パッケージの select() 関数が使われる) ため、dplyr パッケージの select() を使うように、関数にパッケージ名を付加しています。

先ほどと同様に、cnt 変数を目的変数にして、その他を説明変数として重回帰分析をしてみましょう。

```
> bike02.lm <- lm(cnt~., data=bike02)
> summary(bike02.lm)

Call:
lm(formula = cnt ~ ., data = bike02)

Residuals:
    Min      1Q  Median      3Q     Max
-3944.7  -348.2    63.8   457.4  2912.7

Coefficients: (1 not defined because of singularities)
             Estimate Std. Error t value Pr(>|t|)
(Intercept)   1485.84     239.75   6.198 9.77e-10 ***
temp          2855.01    1398.16   2.042 0.041526 *
atemp         1786.16    1462.12   1.222 0.222261
hum          -1535.47     292.45  -5.250 2.01e-07 ***
windspeed    -2823.30     414.55  -6.810 2.09e-11 ***
season2        884.71     179.49   4.929 1.03e-06 ***
season3        832.70     213.13   3.907 0.000102 ***
season4       1575.35     181.00   8.704  < 2e-16 ***
yr1           2019.74      58.22  34.691  < 2e-16 ***
mnth2          131.03     143.78   0.911 0.362443
mnth3          542.83     165.43   3.281 0.001085 **
mnth4          451.17     247.57   1.822 0.068820 .
mnth5          735.51     267.63   2.748 0.006145 **
mnth6          515.40     282.41   1.825 0.068423 .
mnth7           30.80     313.82   0.098 0.921854
mnth8          444.95     303.17   1.468 0.142639
mnth9         1004.17     265.12   3.788 0.000165 ***
mnth10         519.67     241.55   2.151 0.031787 *
mnth11        -116.69     230.78  -0.506 0.613257
mnth12         -89.59     182.21  -0.492 0.623098
holiday1      -589.70     180.36  -3.270 0.001130 **
weekday1       212.05     109.49   1.937 0.053187 .
weekday2       309.53     107.13   2.889 0.003982 **
weekday3       381.36     107.48   3.548 0.000414 ***
weekday4       386.34     107.53   3.593 0.000350 ***
weekday5       436.98     107.44   4.067 5.30e-05 ***
weekday6       440.46     106.56   4.133 4.01e-05 ***
workingday1        NA         NA      NA       NA
weathersit2   -462.54      77.09  -6.000 3.16e-09 ***
weathersit3  -1965.09     197.05  -9.972  < 2e-16 ***
---
Signif. codes:  0 '***' 0.001 '**' 0.01 '*' 0.05 '.' 0.1 ' ' 1

Residual standard error: 769.2 on 702 degrees of freedom
```

```
Multiple R-squared:  0.8484,     Adjusted R-squared:  0.8423
F-statistic: 140.3 on 28 and 702 DF,  p-value: < 2.2e-16
```

ダミー変数としては、例えばseason変数については、season2、season3、season4に対する回帰係数が求められています。season変数は4水準（1から4）であるので1に対する係数は求められず、それ以外の2から4までの値の係数が求められ、自動的に冗長なダミー変数はモデルに入れていないことがわかります。このように、因子（factor型）に変換しておくことで、ダミー変数として回帰モデルに取り入れられます。

変数選択も実施してみます。

```
> bike02.lmstep <- stepAIC(bike02.lm)
> summary(bike02.lmstep)

Call:
lm(formula = cnt ~ temp + hum + windspeed + season + yr + mnth +
    holiday + weekday + weathersit, data = bike02)

Residuals:
    Min      1Q  Median      3Q     Max
-3960.9  -350.9    74.1   456.0  2919.9

Coefficients:
             Estimate Std. Error t value Pr(>|t|)
(Intercept)  1543.552    235.129   6.565 1.01e-10 ***
temp         4487.305    411.838  10.896  < 2e-16 ***
hum         -1518.178    292.208  -5.196 2.68e-07 ***
windspeed   -2925.438    406.175  -7.202 1.53e-12 ***
season2       889.302    179.516   4.954 9.12e-07 ***
season3       832.236    213.204   3.903 0.000104 ***
season4      1578.947    181.040   8.722  < 2e-16 ***
yr1          2018.063     58.225  34.660  < 2e-16 ***
mnth2         136.855    143.747   0.952 0.341396
mnth3         545.132    165.480   3.294 0.001036 **
mnth4         456.494    247.615   1.844 0.065667 .
mnth5         723.520    267.541   2.704 0.007010 **
mnth6         490.552    281.776   1.741 0.082133 .
mnth7           8.404    313.395   0.027 0.978613
mnth8         404.912    301.494   1.343 0.179700
mnth9         983.948    264.698   3.717 0.000217 ***
mnth10        520.937    241.636   2.156 0.031432 *
mnth11       -111.362    230.816  -0.482 0.629621
```

```
mnth12         -84.389    182.229  -0.463 0.643439
holiday1      -603.605    180.066  -3.352 0.000845 ***
weekday1       214.877    109.508   1.962 0.050133 .
weekday2       309.132    107.171   2.884 0.004041 **
weekday3       377.407    107.467   3.512 0.000473 ***
weekday4       385.206    107.562   3.581 0.000366 ***
weekday5       428.604    107.258   3.996 7.12e-05 ***
weekday6       438.699    106.590   4.116 4.32e-05 ***
weathersit2   -465.202     77.083  -6.035 2.57e-09 ***
weathersit3  -1981.357    196.670 -10.075  < 2e-16 ***
---
Signif. codes:  0 '***' 0.001 '**' 0.01 '*' 0.05 '.' 0.1 ' ' 1

Residual standard error: 769.5 on 703 degrees of freedom
Multiple R-squared:  0.848,     Adjusted R-squared:  0.8422
F-statistic: 145.3 on 27 and 703 DF,  p-value: < 2.2e-16
```

　この結果は、先ほどの変数選択の結果とほぼ一緒ですが、mnth 変数については 1 以外の全ての水準について回帰係数が求められています。質的変数を回帰モデルに組み込む際には、ダミー変数に変換した水準のうち 1 つでも有意である（変数選択で取り込まれる）ときには、変数として（この場合 mnth 変数）モデルに取り込むため、全ての水準の回帰係数が求められています。このような違いがあることも知っておくと便利です。

第4章 ロジスティック回帰分析

　第3章では、回帰分析について紹介しました。回帰分析は目的変数が1つの量的な変数で、説明変数は1つ以上の量的変数（質的変数の場合はダミー変数を用いる）であることを想定し、目的変数を説明変数の1次結合で予測するための手法です。一方、目的変数が質的変数で特に2値（0もしくは1をとる）の場合には、回帰分析の一種である**ロジスティック回帰分析**を適用することができます。

4.1 データの準備

ロジスティック回帰分析を適用するデータの例として具体的には、

- 健康診断の検査値のデータ（説明変数）から、ある疾病の発病の有無（目的変数）を予測
- あるアンケート調査の回答結果（説明変数）から、ある商品の購買の有無（目的変数）を予測
- メールに含まれる特定の単語の数など（説明変数）から、スパムメールであるかどうか（目的変数）を予測

などがあります。ここでは、UCI Machine Learnig Repository から、Spambase データ[1]を用いて、3番目の例について検討してみましょう。zip 形式のデータをダウンロードして解凍すると3つのファイルが得られます。`spambase.data` にデータ本体が、`spambase.names` に変数の情報が含まれています。

---

[1] http://archive.ics.uci.edu/ml/datasets/Spambase

まず、以下のようにして、データを読み込みます。

```
> spambase <- read.csv("spambase.data", header=F)
```

このデータファイルには、変数の情報が含まれていませんので、header=Fとして、1行目を変数名としないようにしています。変数名はspambase.namesの34行目以降にコロン（変数名： 変数の型）区切りで記述されており、read.table()関数で以下のように取り込んで、colnames()関数によって、データフレームspambaseの変数名に指定します。

```
> colnames(spambase) <- read.table("spambase.names", skip=33,
+                                   sep=":", comment.char = "")[,1]
> colnames(spambase)[ncol(spambase)] <- "spam"
```

このデータの各行は、HP（Hewlett-Packard）に勤めるGeorge Formanが1999年6月から7月の間に受け取ったメールそれぞれの特徴量を表しています。変数名がword_freq_*となっている変数は、*という単語が各メールに占める割合（%）、変数名がchar_freq_*となっている変数は、各メールに出現する*の記号の数をそれぞれ表しています。また、変数名がcapital_run_length_*となっている変数は、それぞれのメールにおいて、連続した大文字の長さの平均値（average）、最大値（longest）、合計（total）を表しています。最後の列のspamが実際にスパムメールであるかどうか（スパムなら1、そうでなければ0）を表す変数となっています。

4.2
1つの説明変数を用いた予測

ロジスティック回帰分析の説明のため、まずは1つの説明変数から目的変数を予測する場合を考えます。ここでは、説明変数をword_freq_your、目的変数をspamとします。まず、word_freq_yourとspamの散布図を見てみましょう（図4.1）。

```
> library(ggplot2)
> qplot(word_freq_your, spam, data=spambase, alpha=I(0.03))
```

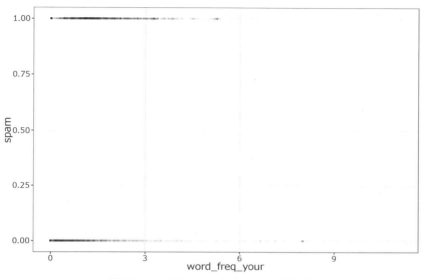

図 4.1　word_freq_your と spam の散布図

　alpha 引数で透過度を設定しています。点が多く集まっているところが濃く表示されており、word_freq_your の値が大きいほど、スパムメールと判定されやすい傾向にあることが見てとれます。スパムメールかどうかによって、中央値、平均値、標準偏差を出力するには以下のようにします。

```
> library(dplyr)
> spambase %>%
+   group_by(spam) %>%
+   summarise(count=n(),
+             med=median(word_freq_your),
+             mean=mean(word_freq_your),
+             sd=sd(word_freq_your))
Source: local data frame [2 x 5]

  spam count  med       mean       sd
1    0  2788 0.00  0.4387016 1.025167
2    1  1813 1.19  1.3803696 1.227385
```

　この結果からも同様の傾向が確認できます。

　第 3 章で扱った、単回帰モデルをこのデータに当てはめてみます。

```
> spam.your.lm <- lm(spam~word_freq_your, data=spambase)
> summary(spam.your.lm)
```

出力の詳細は省略しますが、係数はいずれも有意で、決定係数は 0.15 となります。一方、回帰直線を散布図上に示すと図 4.2 のようになります。

```
> qplot(word_freq_your, spam, data=spambase, alpha=I(0.03)) +
+   geom_smooth(method="lm")
```

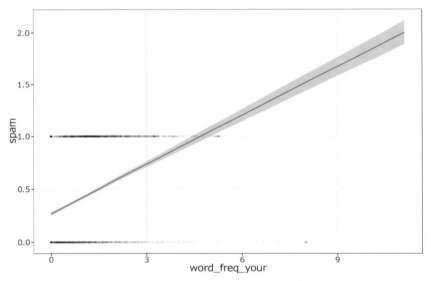

図 4.2 spam の word_freq_your に対する回帰直線

0 か 1 の値しかとらない目的変数に対して、直線による当てはめを行っているため、一定以上の word_freq_your の値に対して、1 よりも大きい予測値を示しています。データによっては、負の値の予測値が得られることがあります。これを避けるには、直線 $y = ax + b$ の代わりに、式 (4.1) のロジスティック関数

$$y = \frac{1}{1 + \exp\{-(ax+b)\}} \tag{4.1}$$

を当てはめます。そうすることによって、予測値を 0 から 1 の間に制限することができます。$b = 0$ のとき、a を 0, 0.5, 1 とした場合のグラフを図 4.3 に、$a = 1$

のとき、b を $-1, 0, 1$ とした場合のグラフを図 4.4 に示しています。ロジスティック回帰分析では、データに最もよくフィットするような a と b を求めます。

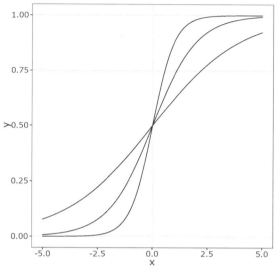

図 4.3　a を変化させた場合のグラフ

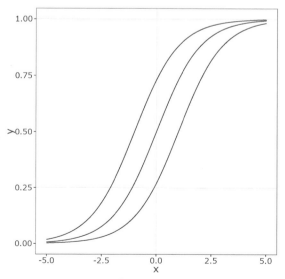

図 4.4　b を変化させた場合のグラフ

ロジスティック関数で表されるロジスティック回帰モデルは、**一般化線形モデル**（Generalized Linear Model：**GLM**）と呼ばれる統計モデルの1つと位置付けられており、このモデルのパラメータ推定はglm()関数によって実行されます。

```
> spam.your.lst <- glm(spam~word_freq_your,
+                      data=spambase, family="binomial")
> spam.your.lst

Call:  glm(formula = spam ~ word_freq_your, family = "binomial",
 data = spambase)

Coefficients:
   (Intercept)
       -1.1097
word_freq_your
        0.8585

Degrees of Freedom: 4600 Total (i.e. Null);  4599 Residual
Null Deviance:       6170
Residual Deviance: 5407     AIC: 5411
```

この結果から、式（4.2）のようなモデル式が得られました。

$$y = \frac{1}{1+\exp\{-(0.8585x-1.1097)\}} \tag{4.2}$$

このモデルの係数はどのような意味を持っているのでしょうか。yの観測値は0（スパムでない）か1（スパム）の値をとりますが、予測値は0～1の値をとります。このことから、yの予測値をスパムである確率と解釈し、pと表記します。yをpに置き換えて、式（4.2）を書き換えると

$$\frac{p}{1-p} = \exp(0.8585x-1.1097) \tag{4.3}$$

となります。この$p/(1-p)$はスパムである確率とスパムでない確率との比になっており、一般に**オッズ**（odds）と呼ばれます。xがhだけ変化した場合の、スパムである確率をp^*とすると

$$\frac{p^*}{1-p^*} = \exp\{0.8585(x+h) - 1.1097\} \tag{4.4}$$

と書けます。式（4.3）と式（4.4）の比をとると

$$\frac{p^*}{1-p^*} \Big/ \frac{p}{1-p} = \exp(0.8585h) \tag{4.5}$$

となり、これを x が h 変化した場合の**オッズ比**（odds ratio）と呼びます。つまり、メールに含まれる your の単語数が 1 だけ増えた（$h=1$）場合、オッズは $\exp(0.8585) = 2.36$ 倍になると解釈できます。

式（4.5）で与えられる関数のグラフを、データの散布図に重ねて描くと図 4.5 のようになります。

```
> a <- coef(spam.your.1st)[2]
> b <- coef(spam.your.1st)[1]
> 1st.fun <- function(x){
+   1/(1+exp(-(a*x+b)))
+ }
> qplot(word_freq_your, spam, data=spambase,
+     alpha=I(0.03), xlim=c(-5,15)) +
+     stat_function(fun=1st.fun, geom="line")
```

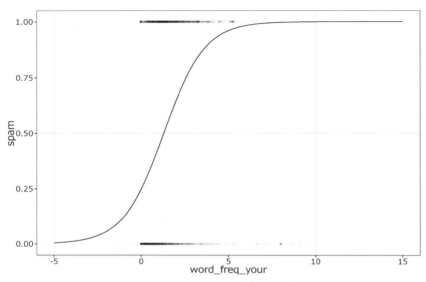

図 4.5 spam の word_freq_your に対するロジスティック回帰

単回帰分析や重回帰分析と同様に、当てはめたモデルを用いた予測値、残差をそれぞれ predict() 関数、residuals() 関数で計算することができます。予測値については、0 から 1 の間の値をとりますから、ここでは、0.5 以上の予測値が得られた場合に、スパムと判定するというルールを適用した場合に、どの程度正しい予測ができるかを見てみましょう。

```
> spam.your.pred <- predict(spam.your.lst,type="resp")
> (tb <- table(spam=spambase$spam, pred=round(spam.your.pred)))
    pred
spam    0    1
   0 2478  310
   1  998  815
> 1-sum(diag(tb))/sum(tb)
[1] 0.284286
```

スパムでないメール 2788 通のうち、このモデルによってスパムでないと正しく判定されたメールは 2478 通で、誤ってスパムと判定されたメールは 310 通（約 11％）でした。また、スパムメール 1813 通のうち、正しくスパムと判定されたメールは 815 通で、誤ってスパムでないと判定されたメールは 998 通

(約 55%) でした。誤分類率は 28.4% となり、1 種類の単語の頻度のみでスパムメールかどうかを判定するのは、やはり無理があるようです。

4.3
2つ以上の説明変数を用いた予測

次に、重回帰分析で行ったのと同様にして、2つ以上の説明変数を用いてロジスティック回帰モデルを当てはめてみましょう。また、最適な予測モデルを変数選択によって求めていきます。モデル式は式 (4.6) のように表されます。

$$y = \frac{1}{1 + \exp\{-(\beta_0 + \beta_1 x_1 + \beta_2 x_2 + \ldots + \beta_p x_p)\}} \tag{4.6}$$

まずは、全ての変数 (57 変数) を用いて、ロジスティック回帰モデルの当てはめを行います。

```
> spam.glm <- glm(spam~., data=spambase, family="binomial")
> summary(spam.glm)
```

summary() 関数の出力を見てみると、有意とならない係数も多く見られます。AIC は 1931.8 となっています。続いて、変数選択を行って、予測に最適なモデルを求めます。

```
> library(MASS)
> (spam.glm.best <- stepAIC(spam.glm))
> summary(spam.glm.best)

Call:
glm(formula = spam ~ word_freq_make + word_freq_address +
    word_freq_3d + word_freq_our + word_freq_over + word_freq_remove +
    word_freq_internet + word_freq_order + word_freq_mail +
    word_freq_will + word_freq_addresses + word_freq_free +
    word_freq_business + word_freq_you + word_freq_credit +
    word_freq_your + word_freq_font + word_freq_000 +
    word_freq_money + word_freq_hp + word_freq_hpl +
    word_freq_george + word_freq_650 + word_freq_lab +
    word_freq_data + word_freq_85 + word_freq_technology +
    word_freq_parts + word_freq_pm + word_freq_cs +
    word_freq_meeting + word_freq_original + word_freq_project +
    word_freq_re + word_freq_edu + word_freq_table +
    word_freq_conference + `char_freq_;` + `char_freq_!` +
    `char_freq_$` + `char_freq_#` + capital_run_length_longest +
    capital_run_length_total, family = "binomial", data = spambase)

Deviance Residuals:
    Min       1Q   Median       3Q      Max
-4.2354  -0.1997   0.0000   0.1110   5.2484

Coefficients:
                     Estimate Std. Error z value Pr(>|z|)
(Intercept)         -1.552e+00  1.278e-01 -12.144  < 2e-16 ***
word_freq_make      -4.686e-01  2.156e-01  -2.173 0.029752 *
word_freq_address   -1.372e-01  6.541e-02  -2.098 0.035934 *
word_freq_3d         2.257e+00  1.507e+00   1.497 0.134317
word_freq_our        5.656e-01  1.017e-01   5.560 2.70e-08 ***
word_freq_over       8.248e-01  2.446e-01   3.371 0.000748 ***
word_freq_remove     2.261e+00  3.274e-01   6.906 4.99e-12 ***
word_freq_internet   5.645e-01  1.663e-01   3.395 0.000687 ***
word_freq_order      6.683e-01  2.750e-01   2.430 0.015112 *
word_freq_mail       1.161e-01  6.997e-02   1.659 0.097034 .
word_freq_will      -1.357e-01  7.331e-02  -1.851 0.064203 .
word_freq_addresses  1.293e+00  7.025e-01   1.841 0.065610 .
word_freq_free       1.048e+00  1.446e-01   7.250 4.16e-13 ***
word_freq_business   9.452e-01  2.208e-01   4.280 1.87e-05 ***
word_freq_you        8.972e-02  3.437e-02   2.610 0.009051 **
word_freq_credit     1.117e+00  5.534e-01   2.018 0.043616 *
word_freq_your       2.330e-01  4.943e-02   4.714 2.43e-06 ***
word_freq_font       2.210e-01  1.648e-01   1.341 0.179849
word_freq_000        2.193e+00  4.674e-01   4.692 2.70e-06 ***
```

```
    word_freq_money             4.424e-01  1.690e-01   2.618 0.008843 **
    word_freq_hp               -1.981e+00  3.130e-01  -6.329 2.47e-10 ***
    word_freq_hpl              -1.036e+00  4.401e-01  -2.354 0.018558 *
    word_freq_george           -1.122e+01  1.795e+00  -6.250 4.10e-10 ***
    word_freq_650               4.182e-01  1.990e-01   2.102 0.035596 *
    word_freq_lab              -2.525e+00  1.525e+00  -1.656 0.097730 .
    word_freq_data             -7.300e-01  3.081e-01  -2.370 0.017808 *
    word_freq_85               -2.137e+00  7.833e-01  -2.729 0.006361 **
    word_freq_technology        9.643e-01  3.089e-01   3.121 0.001802 **
    word_freq_parts            -6.061e-01  4.274e-01  -1.418 0.156156
    word_freq_pm               -8.670e-01  3.829e-01  -2.264 0.023546 *
    word_freq_cs               -4.420e+01  2.643e+01  -1.673 0.094420 .
    word_freq_meeting          -2.690e+00  8.448e-01  -3.184 0.001452 **
    word_freq_original         -1.274e+00  8.230e-01  -1.548 0.121648
    word_freq_project          -1.619e+00  5.351e-01  -3.026 0.002478 **
    word_freq_re               -7.956e-01  1.546e-01  -5.147 2.64e-07 ***
    word_freq_edu              -1.466e+00  2.680e-01  -5.470 4.51e-08 ***
    word_freq_table            -2.356e+00  1.793e+00  -1.314 0.188816
    word_freq_conference       -4.033e+00  1.564e+00  -2.579 0.009916 **
    `char_freq_;`              -1.309e+00  4.474e-01  -2.926 0.003431 **
    `char_freq_!`               3.588e-01  9.054e-02   3.963 7.39e-05 ***
    `char_freq_$`               5.481e+00  7.062e-01   7.762 8.36e-15 ***
    `char_freq_#`               2.202e+00  1.073e+00   2.052 0.040156 *
    capital_run_length_longest  1.041e-02  1.783e-03   5.836 5.35e-09 ***
    capital_run_length_total    8.049e-04  2.114e-04   3.808 0.000140 ***
    ---
    Signif. codes:  0 '***' 0.001 '**' 0.01 '*' 0.05 '.' 0.1 ' ' 1

    (Dispersion parameter for binomial family taken to be 1)

        Null deviance: 6170.2  on 4600  degrees of freedom
    Residual deviance: 1824.9  on 4557  degrees of freedom
    AIC: 1912.9

    Number of Fisher Scoring iterations: 13
```

選択された変数は、word_freq_* については

```
make, address, 3d, our, over, remove, internet,
order, mail, will, addresses, free, business,
you, credit, your, font, 000, money, hp, hpl,
george, 650, lab, data, 85, technology, parts,
pm, cs, meeting, original, project, re, edu,
table, conference
```

で、char_freq_* については

;, !, $, #

で、captal_run_length_* については

total, longest

でした。最終的なモデルの AIC は 1912.9 となっています。

このモデルを用いて、word_freq_your のみを説明変数とした場合と同様に、どの程度予測がうまくいっているかを確認してみましょう。

```
> spam.best.pred <- predict(spam.glm.best,type="resp")
> (tb.best <- table(spam=spambase$spam,
+                   pred=round(spam.best.pred)))
    pred
spam FALSE TRUE
   0  2669  119
   1   193 1620
> 1-sum(diag(tb.best))/sum(tb.best)
[1] 0.06781135
```

スパムでないメール 2788 通のうち、このモデルによってスパムでないと正しく判定されたメールは 2669 通で、誤ってスパムと判定されたメールは 119 通（約 4.3%）でした。また、スパムメール 1813 通のうち、正しくスパムと判定されたメールは 1620 通で、誤ってスパムでないと判定されたメールは 193 通（約 11%）でした。誤判別率は約 6.8% となり、word_freq_your のみを説明変数とした場合と比べて、判定精度がずいぶん改善したことがわかります。

第5章 決定木分析

決定木分析とは、教師ありデータを用いて説明変数をある基準に従って分割し、樹木状の「決定木」を用いて分類していく方法です。その分類結果に影響を与える要因を分析することにより、新規データでの予測を行うことができます。購買データから購入している顧客の特徴を分析したり、工場におけるプロセス管理で最適な工程を求めたりするなどで適用されています。

ここでは、目的変数が質的変数の場合の判別の問題（分類木）と目的変数が量的変数の場合の予測の問題（回帰木）について紹介します。

5.1 分類木を用いた判別

決定木分析で用いるモデルについては、目的変数が質的変数の場合には、すなわち判別することを目的とするときには分類木が用いられ、ある基準、例えばジニ係数（Gini Index）や交差エントロピー（Cross-entropy）が最大となるように、分岐に使用する変数と分割点を決定します。

ここでは、タイタニックのデータを例として、説明変数の属性による違いで、タイタニックの搭乗者が亡くなったか否かを分析することにします。タイタニックデータの説明変数は、Class（乗船クラス）、Sex（性別）、Age（年齢）の3つの属性があり、目的変数はSuvived（生存）となります。Rでは、タイタニックのデータはTitanicデータとして集計表の形式で利用可能なので、まずはそのデータをdata()関数で読み込み、その構造をstr()関数で確認します。

第 5 章 決定木分析

```
> data(Titanic)
> str(Titanic)
 table [1:4, 1:2, 1:2, 1:2] 0 0 35 0 0 0 17 0 118 154 ...
 - attr(*, "dimnames")=List of 4
  ..$ Class   : chr [1:4] "1st" "2nd" "3rd" "Crew"
  ..$ Sex     : chr [1:2] "Male" "Female"
  ..$ Age     : chr [1:2] "Child" "Adult"
  ..$ Survived: chr [1:2] "No" "Yes"

> Titanic[,1,2,]
      Survived
Class   No Yes
  1st  118  57
  2nd  154  14
  3rd  387  75
  Crew 670 192
```

データの内容を確認するために、`Titanic[,1,2,]`を実行していますが、これは 2 つ目の変数 Sex が Male（男性、1 番目の水準）で、3 つ目の変数 Age が Adult（2 つ目の水準、大人）のときの Class と Suvived のクロス集計を表示します。括弧 [] 内の数字は、先の str(Titanic) における質的変数の値（水準）の順序を参照しています。

次に、クロス集計結果を視覚化するためにモザイクプロットを描画します（図 5.1）。このプロットから、大人の男性については、1st クラスは他と比べると生存者の割合が多いことがわかります。

```
> mosaicplot(Titanic[,1,2,],color=T)
```

ここまでは、2 変数（以上）の質的変数の分析であればよくやる視覚化の方法です。しかし、どの変数で分ければどのような傾向があるのかを一度に把握することは困難で、変数が多くなれば、全ての組み合わせを確認するのには多くの時間を要します。そこで、どの変数が大きく効いているかを分析するために、決定木分析を行います。

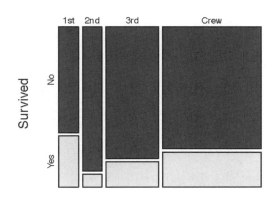

図 5.1 タイタニックデータのモザイクプロット（男性・大人の場合）

Rにおいて決定木分析は **rpart** パッケージで分析することができますが、データフレーム形式を対象としているので、今回の集計されたタイタニックのデータを **epitools** パッケージの expand.table() 関数を用いて、データフレームに変換してから、分析を行います。

```
> install.packages("epitools")
> library(epitools)
> Titanic.df <- expand.table(Titanic)
> library(rpart)
> Titanic.tree <- rpart(Survived ~ ., data = Titanic.df,
+     method = "class")
```

rpart() 関数の最初の引数は、fomula を示し、チルダ（~）の左に目的変数を、右に説明変数を指定します。右がドット "." になっているのは、左で指定した Suvived 以外の「全て」を説明変数として使うということを意味します。

```
> summary(Titanic.tree)

Call:
rpart(formula = Survived ~ ., data = Titanic.df, method = "class")
  n= 2201

          CP nsplit rel error    xerror       xstd
1 0.30661041      0 1.0000000 1.0000000 0.03085662
2 0.02250352      1 0.6933896 0.6933896 0.02750982
3 0.01125176      2 0.6708861 0.6835443 0.02736973
4 0.01000000      4 0.6483826 0.6624473 0.02706163

Variable importance
  Sex Class   Age
   73    23     4

Node number 1: 2201 observations,    complexity param=0.3066104
  predicted class=No   expected loss=0.323035  P(node) =1
    class counts:  1490   711
   probabilities: 0.677 0.323
  left son=2 (1731 obs) right son=3 (470 obs)
  Primary splits:
      Sex   splits as  LR,   improve=199.821600, (0 missing)
      Class splits as  RRLL, improve= 69.684100, (0 missing)
      Age   splits as  RL,   improve=  9.165241, (0 missing)

Node number 2: 1731 observations,    complexity param=0.01125176
  predicted class=No   expected loss=0.2120162  P(node) =0.7864607
    class counts:  1364   367
   probabilities: 0.788 0.212
  left son=4 (1667 obs) right son=5 (64 obs)
  Primary splits:
      Age   splits as  RL,   improve=7.726764, (0 missing)
      Class splits as  RLLL, improve=7.046106, (0 missing)

......
```

5.1 分類木を用いた判別

結果を代入した`Titanic.tree`の概要を`summary()`関数で見てみるとデータ数（$n = 2201$）、複雑さのパラメータ（CP）の分割数（`nsplit`）ごとの一覧表、変数の重要性、の後に、各ノードごとに期待ロス、分かれた後のデータ数および次の変数で分かれた場合の改善などについて記述されています。

これによって、木構造の結果を得ることができますが、さらに理解を深めるために`partykit`パッケージにより視覚化を行います（図5.2）。なお、前もって結果を`as.party()`関数により`party`形式に変換する必要があります。

```
> install.packages("partykit")
> library(partykit)
> plot(as.party(Titanic.tree))
```

これにより、このタイタニックのデータの生存か否かを決定するための基準は、まず、性別によって分かれることがわかります。性別が男性ならば次に年齢によって分かれ、さらに年齢が子供ならばクラスによって分かれます。性別が女性ならば次にクラスによって分かれることがわかります。

例えば、最初に性別が男性の方に分かれ、次に年齢が男性の方に分かれたグループは、死亡・生存の割合が、$0.79724 : 0.20276$（$n = 1667$）ということを示しています。年齢が大人の集合については、集計表の`Titanic[,1,2,]`（図5.1のモザイクプロット）をクラスごとに集計したものと同一となります。

先の`summary()`の結果のCPの一覧表の中で、`xerror`を見ると、2行目以降はほとんど減少していないと判断できれば、そこまでの分割を考えます。なお、このプロットは`plotcp()`関数で描画することができます（図5.3）。

82 第5章 決定木分析

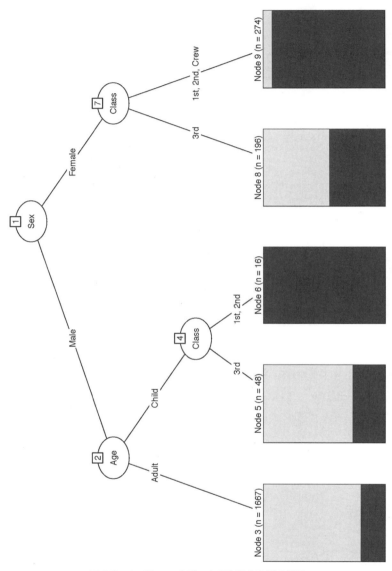

図5.2 タイタニックデータの決定木分析の結果

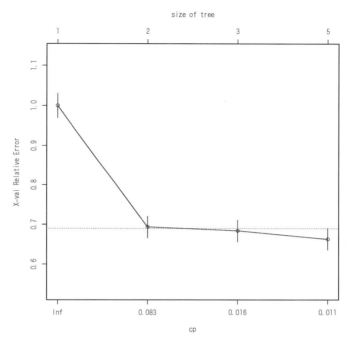

図 5.3　タイタニックデータの分類木の plotcp( ) の結果

```
> plotcp(Titanic.tree)
```

今回は、木のサイズが2のとき、すなわち cp=0.083 のときの決定木分析を再度行ってみます。結果は、図5.4のようになります。すなわち、タイタニックのデータの生存について、性別だけで分割した場合の結果を示しています。数値の詳細については、summary() 関数の結果から読み取れます。

```
> Titanic.tree2 <- rpart(Survived ~ ., data = Titanic.df,
+                       method = "class" , cp=0.083)
```

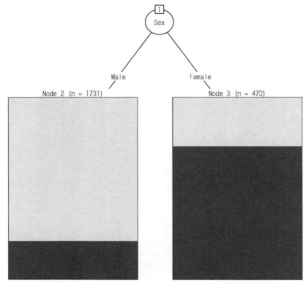

図 5.4　タイタニックデータの決定木分析の結果（cp=0.083）

```
> summary(Titanic.tree2)
Call:
rpart(formula = Survived ~ ., data = Titanic.df, method = "class",
    cp = 0.083)
  n= 2201

        CP nsplit rel error   xerror       xstd
1 0.3066104      0 1.0000000 1.0000000 0.03085662
2 0.0830000      1 0.6933896 0.6933896 0.02750982

Variable importance
Sex
100

Node number 1: 2201 observations,    complexity param=0.3066104
  predicted class=No   expected loss=0.323035  P(node) =1
    class counts:  1490    711
   probabilities: 0.677 0.323
  left son=2 (1731 obs) right son=3 (470 obs)
  Primary splits:
      Sex   splits as  LR,   improve=199.821600, (0 missing)
      Class splits as  RRLL, improve= 69.684100, (0 missing)
      Age   splits as  RL,   improve=  9.165241, (0 missing)
```

```
Node number 2: 1731 observations
  predicted class=No    expected loss=0.2120162  P(node) =0.7864607
    class counts:   1364     367
   probabilities: 0.788 0.212

Node number 3: 470 observations
  predicted class=Yes   expected loss=0.2680851  P(node) =0.2135393
    class counts:    126     344
   probabilities: 0.268 0.732

> plot(as.party(Titanic.tree2))
```

5.2 回帰木を用いた予測

決定木分析で用いるモデルについては、目的変数が量的変数の場合には、すなわち第3章で扱われているような数値予測には回帰木が使われ、分類数の多さやその基準によって複雑さが変わってきます。

数値予測では分類するためのグループをある基準で分岐させます。例えばグループAの平方和とグループBの平方和の合計が最小となるように、分岐に使用する変数と分割点を決定します。

目的変数が量的変数である diamonds データを用いて、どの説明変数がダイアモンドの価格（目的変数）を決定するかを分析することにします。diamonds データは、**ggplot2** パッケージにありますので、まず ggplot2 パッケージを読み込み、data() 関数によって diamonds を呼び出します。

```
> library(ggplot2)
> data(diamonds)
```

ここでも **rpart** パッケージを用いて、質的な変数の解析である分類木を用いた解析と同様に行います。

まずは、先ほどと同様に構造を確認し、大量のデータなので、subset() 関数を使って絞り込みをし、データの様子を調べます。例えば、少し見栄を張って carat 数が比較的大きく（1.5以上2未満）、しかし clarity は低い（下から2種類、I1とSI2の）ダイヤモンドを買う場合には、いくらぐらい

かを抽出してみます。なお、ここで subset() 関数の subset 引数で指定している %in% は特殊二項演算の1つで、x %in% c(a, b, c) と書けば、x が a か b か c であれば TRUE、そうでなければ FALSE を返します。

```
> diamonds2 <- subset(diamonds, subset =
+                     carat >=1.5 & carat < 2 &
+                     clarity %in% c("I1", "SI2"))
> boxplot(diamonds2$price)
```

分類木の場合には、目的変数が質的データなので、帯グラフもしくはモザイクプロットで割合を見ましたが、今回の場合は目的変数が量的変数なので、図5.5 のように箱ひげ図やヒストグラムなどで分布を見ることになります。

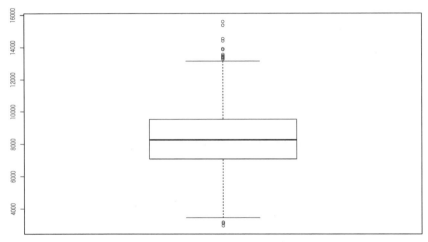

図 5.5　ダイヤモンドの価格の箱ひげ図（carat 数が 1.5 以上 2 未満）

それでは、先ほどと同様に rpart() 関数によって、carat、cut、color そして clarity によって price を説明します。目的変数が量的変数なので、method 引数としては anova を指定します。

```
> str(diamonds)
'data.frame':    53940 obs. of  10 variables:
 $ carat   : num  0.23 0.21 0.23 0.29 0.31 0.24 0.24 0.26 0.22 0.23 ...
 $ cut     : Ord.factor w/ 5 levels "Fair"<"Good"<..: 5 4 2 4 2 3 3 3 1 3 ...
 $ color   : Ord.factor w/ 7 levels "D"<"E"<"F"<"G"<..: 2 2 2 6 7 7 6 5 2 5 ...
```

```
 $ clarity: Ord.factor w/ 8 levels "I1"<"SI2"<"SI1"<..: 2 3 5 4 2 6 7 3 4 5 ...
 $ depth  : num  61.5 59.8 56.9 62.4 63.3 62.8 62.3 61.9 65.1 59.4 ...
 $ table  : num  55 61 65 58 58 57 57 55 61 61 ...
 $ price  : int  326 326 327 334 335 336 336 337 337 338 ...
 $ x      : num  3.95 3.89 4.05 4.2 4.34 3.94 3.95 4.07 3.87 4 ...
 $ y      : num  3.98 3.84 4.07 4.23 4.35 3.96 3.98 4.11 3.78 4.05 ...
 $ z      : num  2.43 2.31 2.31 2.63 2.75 2.48 2.47 2.53 2.49 2.39 ...
> diamonds.tree <- rpart(formula=price ~ carat + cut + color + clarity,
+                       data=diamonds, method="anova")
```

次に、結果の木構造を描画します（図5.6）。

```
> plot(as.party(diamonds.tree))
```

ここで先ほどの分類木と比較して違う点は、説明変数に carat という量的変数が含まれているので、その変数を基準値として分類しています。また、目的変数が量的変数なので、先ほどの分類木では、帯グラフで質的変数の割合を示していたのに対して、ここでは量的変数の分布を箱ひげ図で示しています。

最後に、予測を行います。元データを、5万レコードまでを学習データ、残りをテストデータとします。先ほどのタイタニックのデータでの解析と同様にして、cp=0.078 として決定木分析を再度行います。求めた結果をもとに、predict() 関数でテストデータの予測を行います。ここでは、head() 関数によって先頭のみを表示しています。すなわち、決定木分析によって、既存のデータにおける樹木状のモデルを求めることができ、新規データを用いて、予測を行うことができます。

```
> train <- diamonds[1:50000,]
> test <- diamonds[50001:nrow(diamonds),]
> diamonds.tree2 <- rpart(
+          formula=price ~ carat + cut + color + clarity,
+          data=train, method="anova", cp = 0.078)
> p <- predict(diamonds.tree2, newdata = test)
> head(p)
  50001   50002   50003   50004   50005   50006
1551.48 1551.48 1551.48 1551.48 1551.48 1551.48
```

88 第5章 決定木分析

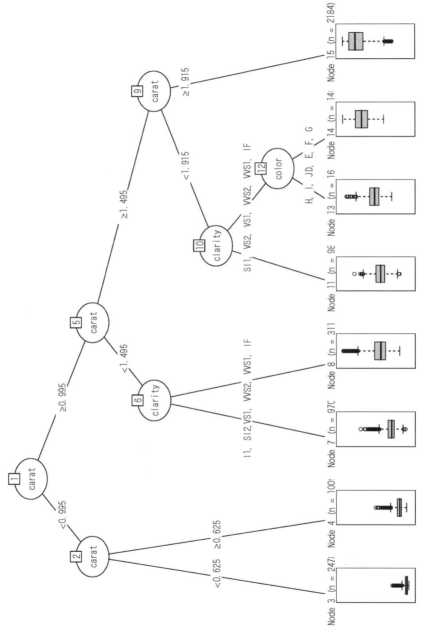

図 5.6 ダイヤモンドデータの決定木分析の結果

第6章
サポートベクターマシン(SVM)

　サポートベクターマシン(Support Vector Machine：**SVM**)は、決定木分析と同様に、数値予測(回帰)およびカテゴリー予測(判別)に用いることができます。サポートベクターマシンは、2値データの判別問題のための手法として提案されましたが、現在では数値予測にも適用できる方法が提案されており、決定木分析と同様にデータマイニングにおいては、予測(数値予測、カテゴリー予測)のための主要な方法です。

　サポートベクターマシンは、予測の精度は非常に高いのですが、重回帰分析、ロジスティック回帰分析、決定木分析のように推定されたモデルの解釈はわかりやすいものではないため、モデルの構造はよくわからないが予測精度が高ければよい、というブラックボックスアプローチになります。そのため、予測の評価は、学習データで予測モデルを構築し、テストデータ(モデルの構築に用いていないデータ)に対する予測の精度を評価するのが一般的です。

6.1 サポートベクターマシンとは

　図6.1のように、2値データの判別(カテゴリー予測)を行う際に、データをプロットした空間においては2つの値を簡単に識別する直線や曲線(3次元以上の場合には平面)では分けられない状況があります。

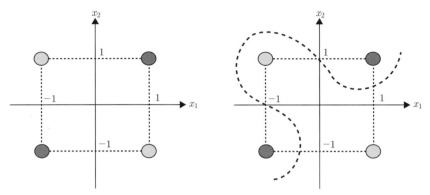

図 6.1　簡単な判別境界が引けない状況

しかしながら、図 6.2 のような変換により、変換後の空間では単純な平面で分離されています。サポートベクターマシンは、このように高次元への変換を考えることで、線形関数で予測や判別の性能を上げる方法です。

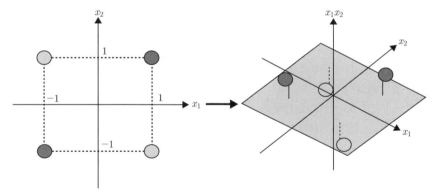

図 6.2　簡単な識別平面で分離できる空間への変換

変換後の高次元空間において、判別の場合には図 6.3 のように最大のマージンがとれる超平面を推定し、そのマージンを決める点（破線上の点）からなるサポートベクターだけを用いて判別関数を推定します。このような考え方で、最初は 2 値の判別を行うために開発されましたが、その後、数値予測にも適用可能な方法が提案され、R ではサポートベクターマシンにより数値予測もカテゴリー予測も可能です。

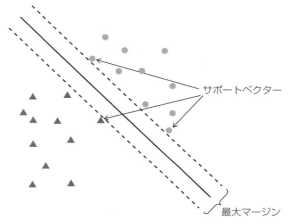

図 6.3　マージンとサポートベクター

6.2 カテゴリー予測の例

2値の判別問題として、第4章でも扱ったスパムメールの判別を行います。

第4章と同様にデータを読み込み、変数名などを設定します。ここでは、スパムメールかどうかを表す変数 spam が 0、1 の 2 値の整数値となっていますが、数値予測でなくカテゴリー予測を行うことを明確にするために、spam 変数を因子変数に変換しておきます。

```
> spambase <- read.csv("spambase.data", header=F)
> colnames(spambase) <- read.table("spambase.names",
+                      skip=33,sep=":", comment.char = "")[,1]
> colnames(spambase)[ncol(spambase)] <- "spam"
> class(spambase$spam)
[1] "integer"
> spambase$spam <- as.factor(spambase$spam)
> class(spambase$spam)
[1] "factor"
> dim(spambase)
[1] 4601   58
```

データは 4601 ケースあるので、約半数の 2500 ケースを学習データ (train) とし、残りをテストデータ (test) とします。同じ結果となるよ

うに、乱数のシードを設定（ここでは 1234 に）してから、sample() 関数でランダムに 2500 個のデータ番号を抽出しています。

```
> set.seed(1234)
> samp <- sample(4601,2500)
> spambase.train <- spambase[samp,]
> spambase.test <- spambase[-samp,]
```

R でのサポートベクターマシンによる解析は、**kernlab** パッケージの ksvm() 関数で実行することができます。まず、kernlab パッケージをインストールして、読み込みます。

```
> install.packages("kernlab")
> library(kernlab)
```

ksvm() 関数では、サポートベクターのタイプやパラメータなどが詳細に設定できます。ただし、デフォルトの設定でデータから自動的に判断して適切なパラメータを設定してくれるため、ここでは回帰モデルと同様の形式で目的変数（spam）と説明変数（spam 以外の全て）のみを指定し、分析対象のデータとして学習データの spambase.train を指定します。

```
> spambase.svm1 <- ksvm(spam~.,data=spambase.train)
> spambase.svm1
Support Vector Machine object of class "ksvm"

SV type: C-svc  (classification)
 parameter : cost C = 1

Gaussian Radial Basis kernel function.
 Hyperparameter : sigma =  0.0285018909527744

Number of Support Vectors : 889

Objective Function Value : -487.7966
Training error : 0.0448
```

SV type: C-svc (classification) より、サポートベクターのタイプとして判別（カテゴリー予測）のための C-svc が適用されていることがわかります。これは、目的変数 spam を因子型（factor）にしていたた

めであり、整数のままであれば数値変数として、回帰（数値予測）を行うタイプが選択されます。判別のためのサポートベクターのタイプは、C-svc のほかに nu-svc があります。

また、カーネルは kernel="rbfdot"（Gaussian Radial Basis kernel function）がデフォルトで利用されることになっており、そのパラメータである σ も自動的に決める指定 kpar="automatic" が選択されています。予測精度を上げるために、σ の値を変更して調整することができます。例えば、σ を 0.01 に設定して解析するには以下のように設定します。

```
> ksvm(spam~.,data=spambase.train, kernel="rbfdot",
+     kpar=list(sigma=0.01))
```

判別がどの程度の精度で行われたのか、確認してみましょう。predict() 関数で、モデルの結果のオブジェクト（spambase.svm1）に説明変数を与えるために、dplyr パッケージの select() 関数を用いて、もとのデータフレーム（spambase.train）のうち spam 変数だけを除いたデータフレームを作成し、渡します。

```
> library(dplyr)
> spambase.train.pre <- predict(
+     spambase.svm1, select(spambase.train,-spam))
> (spambase.train.svmt <- table(
+     data.frame(select(spambase.train,spam),spambase.train.pre)))
   spambase.train.pre
spam    0    1
   0 1441   60
   1   96  903
> 1-sum(diag(spambase.train.svmt)/sum(spambase.train.svmt))
[1] 0.0624
```

サポートベクターマシンによる判別では、学習データの 2500 件中 $60+96=156$〔件〕が誤って予測され、誤分類率は 6.24% であることがわかります。

また、テストデータで同様のことを行います。

```
> spambase.test.pre <- predict(
+     spambase.svm1, select(spambase.test,-spam))
```

```
> (spambase.test.svmt <- table(
+     data.frame(select(spambase.test,spam),spambase.test.pre)))
   spambase.test.pre
spam    0    1
   0 1243   44
   1   99  715
> 1-sum(diag(spambase.test.svmt)/sum(spambase.test.svmt))
[1] 0.06806283
```

こちらは、2101件中、143件が間違って判別されており、誤分類率は約6.8％でした。

ここでは、乱数による分割によって学習データとテストデータが決定しているため、たまたま予測精度が高く（低く）なる可能性もあります。ksvm()関数には、クロスバリデーション（交差検証法）による精度の検証もできるオプションがあります。k-fold クロスバリデーションは、データをk等分し、$k-1$個からなる学習データによりモデルを推定し、判別の精度を残りのテストデータで評価する作業をk回行い、その平均により評価する方法です。

```
> (spambase.cv <- ksvm(spam~.,data=spambase,kernel="rbfdot",
+                   kpar=list(sigma=0.05), C=5,cross=10))
Support Vector Machine object of class "ksvm"

SV type: C-svc  (classification)
 parameter : cost C = 5

Gaussian Radial Basis kernel function.
 Hyperparameter : sigma =  0.05

Number of Support Vectors : 1547

Objective Function Value : -2082.468
Training error : 0.022169
Cross validation error : 0.066939
```

この場合には、モデルパラメータσやCを設定し、kの値を与える（ここでは$k=10$）必要があります。この結果から、クロスバリデーションの誤分類率（Cross validation error）が約6.7％となっており、先ほどのテストデータにおける誤分類率（6.8％）とほぼ同じであるので、先ほどの結果が信頼できるものだと判断できます。

6.3 数値予測の例

数値予測の例としては、第5章の決定木分析で扱った diamonds データで、price を予測しましょう。diamonds データは、ggplot2 パッケージにあるので、ggplot2 パッケージを読み込み、diamonds データをロードします。

```
> library(ggplot2)
> data(diamonds)
```

第5章と同様に、目的変数は price、説明変数は carat、cut、color、clarity だけとしますので、これらの変数だけからなる、新しいデータフレーム diamonds.data を作ります。

```
> diamonds.data <- select(diamonds,carat:clarity,price)
> summary(diamonds.data)
     carat              cut         color        clarity
 Min.   :0.2000   Fair     : 1610   D: 6775   SI1    :13065
 1st Qu.:0.4000   Good     : 4906   E: 9797   VS2    :12258
 Median :0.7000   Very Good:12082   F: 9542   SI2    : 9194
 Mean   :0.7979   Premium  :13791   G:11292   VS1    : 8171
 3rd Qu.:1.0400   Ideal    :21551   H: 8304   VVS2   : 5066
 Max.   :5.0100                     I: 5422   VVS1   : 3655
                                    J: 2808   (Other): 2531
     price
 Min.   :  326
 1st Qu.:  950
 Median : 2401
 Mean   : 3933
 3rd Qu.: 5324
 Max.   :18823

> dim(diamonds.data)
[1] 53940     5
```

データ数は5万件以上あるので、3万件を学習データに、残りをテストデータとします。

```
> set.seed(1234)
> samp2 <- sample(53940,30000)
```

```
> diamonds.train <- diamonds.data[samp2,]
> diamonds.test <- diamonds.data[-samp2,]
```

ksvm()関数でpriceを予測するモデルを分析しましょう。

```
> (diamonds.svm <- ksvm(price~.,data=diamonds.train))
Support Vector Machine object of class "ksvm"

SV type: eps-svr  (regression)
 parameter : epsilon = 0.1  cost C = 1

Gaussian Radial Basis kernel function.
 Hyperparameter : sigma =   0.17258131591364

Number of Support Vectors : 6786

Objective Function Value : -987.1942
Training error : 0.020738
```

サポートベクターのタイプは、数値予測のためのeps-svrです。SV type: eps-svr (regression)による数値予測のためのサポートベクターのタイプはeps-svrのほかにnu-svrがあります。

予測の程度は、テストデータにおけるpriceの値と予測値との相関係数で確認することもできます。相関係数が高いほど予測精度がよいと判断できます。

```
> diamonds.svm <- ksvm(price~.,data=diamonds.train)
> diamonds.pre <- predict(
+     diamonds.svm, select(diamonds.test,-price))
> cor(data.frame(diamonds.test$price,diamonds.pre))
                    diamonds.test.price diamonds.pre
diamonds.test.price           1.0000000    0.9891399
diamonds.pre                  0.9891399    1.0000000
```

判別の場合の誤分類率のように他の手法との比較の際には、残差平方平均 (Mean Squared Error：MSE) が小さいものがよいモデルと考えられます。

```
> diamonds.svghat <- data.frame(
+     y=diamonds.test$price,yhat=diamonds.pre)
> mean((diamonds.svghat$y-diamonds.svghat$yhat)^2)
[1] 344205.4
```

第7章
記憶ベース推論

記憶ベース推論は、目的変数の値の予測を全てのデータに基づいたモデルを用いて行うのではなく、説明変数について距離が近い（似ている）k個の観測値に関する目的変数の値だけを用いて予測する方法で、その方法から **k 近傍法**（k-Nearest Neighbors method）や遅延学習、メモリベース学習、インスタンスベース学習などとも呼ばれています。データが大量な場合に、類似するデータのみを対象にすることで高速に処理が行えるメリットがあります。

7.1 k 近傍法とは

k 近傍法の予測は、あらかじめ観測されている学習データにおいて、予測したいデータと説明変数の距離が近い k 個の観測値（k 最近傍）についての目的変数の値を用いて実行されます。

目的変数が数値変数であるときの k 近傍法による数値予測では、予測値を k 最近傍（これらの集合を C で表す）の目的変数の平均値とします。

$$\hat{y} = \frac{1}{k} \sum_{i \in C} y_i \tag{7.1}$$

これを図を用いて説明すると、図 7.1 のようになります。

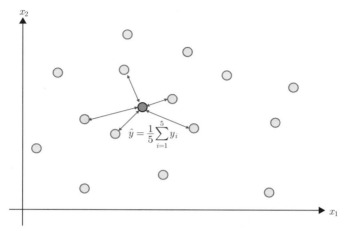

図 7.1　5 近傍法による数値予測の例

この例では、$k=5$ として予測したい観測値に関して説明変数の空間で最も近い 5 つの観測値の目的変数の値 y_i を調べ、その平均値をこのデータの予測値 $\hat{y}$ としています。

目的変数が質的変数である場合の、k 近傍法によるカテゴリー予測では、予測値を k 最近傍の目的変数の属性値のうち最も多かったものとします（図 7.2）。図 7.2 における y の予測値は△となります。

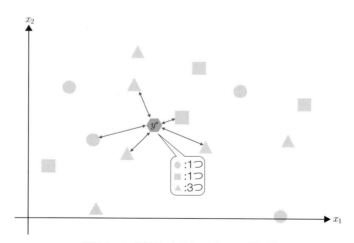

図 7.2　5 近傍法によるカテゴリー予測の例

実際に、第 1 章でも扱った全顧客データについてカテゴリー予測をしてみます。

```
> ws.customer <- read.csv("Wholesale customers data.csv")
> ws.customer$Channel <- factor(ws.customer$Channel,
+     labels=c("Horeca","Retail"))
> ws.customer$Region <- factor(ws.customer$Region,
+     labels=c("Lisbon","Oporto","Other Region"))
> summary(ws.customer)
    Channel              Region         Fresh              Milk
 Horeca:298   Lisbon       : 77    Min.   :     3    Min.   :   55
 Retail:142   Oporto       : 47    1st Qu.:  3128    1st Qu.: 1533
              Other Region:316    Median :  8504    Median : 3627
                                   Mean   : 12000    Mean   : 5796
                                   3rd Qu.: 16934    3rd Qu.: 7190
                                   Max.   :112151    Max.   :73498
    Grocery           Frozen         Detergents_Paper     Delicassen
 Min.   :    3    Min.   :   25.0    Min.   :    3.0     Min.   :    3.0
 1st Qu.: 2153    1st Qu.:  742.2    1st Qu.:  256.8     1st Qu.:  408.2
 Median : 4756    Median : 1526.0    Median :  816.5     Median :  965.5
 Mean   : 7951    Mean   : 3071.9    Mean   : 2881.5     Mean   : 1524.9
 3rd Qu.:10656    3rd Qu.: 3554.2    3rd Qu.: 3922.0     3rd Qu.: 1820.2
 Max.   :92780    Max.   :60869.0    Max.   :40827.0     Max.   :47943.0
```

Region には 3 つの値 Lisbon、Oporto、Other Region がそれぞれ 77 個、47 個、316 個あります。これらは、いくつかの変数の情報を使って分類することができそうか、第 3 列以降の連続型の変数の対散布図について、Region により識別したプロットを描いてみましょう。

```
> plot(ws.customer[,3:8],col=(ws.customer$Region))
> plot(ws.customer[,3:8],col=ws.customer$Region,
+     pch=as.numeric(ws.customer$Region))
```

2 番目のコマンドによるグラフが図 7.3 ですが、2 つの変数でうまく識別できる組み合わせは見当たりません。

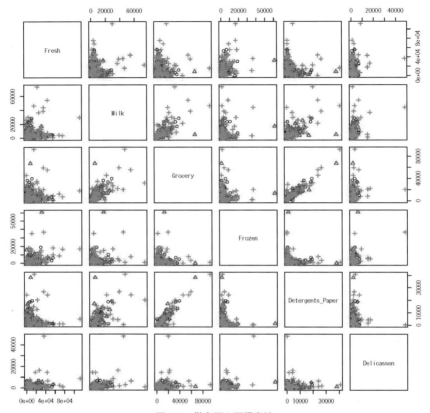

図7.3　散布図と回帰直線

k 近傍法でランダムに 220 ケースを学習データとして、残りの 220 ケースからなるテストデータについて予測します。sample() 関数でランダムに 440 個のうち 220 個を選び、その番号を sampA に保存します。この番号に対応する個体だけについて、Region 変数（第 2 列目）のカテゴリーの値の分布を確認します。

```
> sampA<-sample(1:440,220)
> table(ws.customer[sampA,2])

    Lisbon    Oporto Other Region
        38        27          155
```

残りの 220 個の番号を sampB に保存し、こちらの番号に対応する Region 変数のカテゴリーの値の分布を確認します。

```
> sampB<-(1:440)[-sampA] #sampA以外
> table(ws.customer[sampB,2])

      Lisbon         Oporto  Other Region
          39             20           161
```

この例では、Lisbon はほぼ同数ですが、Oporto は学習データに若干多く割り振られています。これは実行するタイミングによって sample() 関数の結果は異なるため、読者の結果とは違うものになっていると思います。

R では k 近傍法は、**class** パッケージの knn() 関数を用いて、

knn(学習データ, テストデータ, 学習データの目的変数, k)

のように指定することでテストデータの予測値を求めることができます。

```
> library(class)
> wsc.knn <- knn(ws.customer[sampA,3:8],ws.customer[sampB,3:8],
+                ws.customer[sampA,2], k=3)
```

予測がどの程度当たっているか、クロス集計して、誤分類率を求めてみましょう。

```
> table(wsc.knn,ws.customer[sampB,2])

wsc.knn        Lisbon Oporto Other Region
  Lisbon            7      4           26
  Oporto            1      1            7
  Other Region     31     15          128
> cr<-table(wsc.knn,ws.customer[sampB,2])
> (sum(cr)-sum(diag(cr)))/sum(cr)
[1] 0.3818182
```

クロス集計表は、行（左）が学習データ（sampA）の値、列（上）がテストデータの値なので、対角線上にデータが多いとよく当たっているということになります。誤分類率の計算は、全体から対角線上の値を引いた数の全体に対

する割合として計算しています。

近傍の数 k は、おおよそデータ数の平方根までの中で誤分類率の小さなものがよいとされています。学習データが220なので、$k=15$ とすればよいでしょう。念のため、$k=3$ から $k=20$ までの予測を行い、誤分類率の違いを調べてみることしましょう。

```
> sqrt(220)
[1] 14.8324
> mcrate<-numeric(20)
> for (i in 3:20){
+   wsc.knn <- knn(ws.customer[sampA,3:8],ws.customer[sampB,3:8],
+              ws.customer[sampA,2],k=i)
+   cr<-table(wsc.knn,ws.customer[sampB,2])
+   mcrate[i]<-(sum(cr)-sum(diag(cr)))/sum(cr)
+ }
> plot(3:20,mcrate[3:20],type="l")
> which(mcrate==min(mcrate[3:15]))
[1] 13 15 16 17
> mcrate[which(mcrate==min(mcrate[3:15]))]
[1] 0.2727273 0.2727273 0.2727273 0.2727273
```

実際に、$k=3$ から $k=20$ まで変えたときの、誤分類率の変化を示したグラフが図7.4です。$k=15$ で誤判別率の低下が頭打ちになっている様子を確認できます。

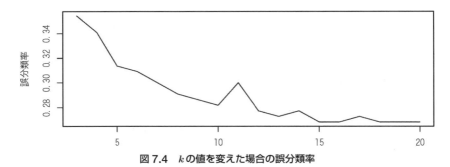

図7.4 k の値を変えた場合の誤分類率

7.2 変数の基準化と標準化

実際に k 近傍法で予測を行う際には、説明変数のばらつきを均等にする必要があります。その方法として、各変数について最小値を 0、最大値を 1 とし範囲を 1 とする**基準化**と、平均を 0 とし標準偏差を 1 とする**標準化**があります。

まず、説明変数を基準化するための関数を定義し、第 3 列目の変数を基準化し、基準化されているか確認しましょう。

```
> normalize <- function(x){
+   return ((x-min(x))/(max(x)-min(x))) }
> ws.customer.n<-ws.customer
> ws.customer.n[,3]<-normalize(ws.customer[,3])
> summary(ws.customer.n[,3])
   Min. 1st Qu.  Median    Mean 3rd Qu.    Max.
0.00000 0.02786 0.07580 0.10700 0.15100 1.00000
```

最小値が 0 で最大値が 1 と基準化されていることが確認できました。第 4 列から第 8 列までの説明変数についても同様に基準化し、その基準化されたデータを用いて k 近傍法による予測を再度行います。今後は、最初から $k=15$ として誤判別率を求めることにします。

```
> for(i in 4:8){
+   ws.customer.n[,i]<-normalize(ws.customer[,i])
+ }
> wsc.knn.n <- knn(ws.customer.n[sampA,3:8],
+              ws.customer.n[sampB,3:8],
+              ws.customer.n[sampA,2], k=15)
> table(wsc.knn.n,ws.customer.n[sampB,2])

wsc.knn.n      Lisbon Oporto Other Region
  Lisbon            1      3            2
  Oporto            0      0            0
  Other Region     38     17          159
> cr<-table(wsc.knn.n,ws.customer.n[sampB,2])
> (sum(cr)-sum(diag(cr)))/sum(cr)
[1] 0.2727273
```

誤判別率は 27.3% でした。

最後に、説明変数を標準化して予測を行ってみましょう。標準化の変換を行

う関数としては、scale()関数があります。

```
> ws.customer.z<-ws.customer
> ws.customer.z[,3]<-scale(ws.customer[,3])
> c(mean(ws.customer.z[,3]),sd(ws.customer.z[,3]))
[1] -3.394982e-17  1.000000e+00
> for(i in 4:8){
+   ws.customer.z[,i]<-scale(ws.customer[,i]) }
> wsc.knn.z <- knn(ws.customer.z[sampA,3:8],
+                  ws.customer.z[sampB,3:8],
+                  ws.customer.z[sampA,2],k=15)
> table(wsc.knn.z,ws.customer.z[sampB,2])

wsc.knn.z      Lisbon Oporto Other Region
  Lisbon            1      2            3
  Oporto            0      0            0
  Other Region     38     18          158
> cr<-table(wsc.knn.z,ws.customer.z[sampB,2])
> (sum(cr)-sum(diag(cr)))/sum(cr)
[1] 0.2772727
```

第8章 クラスター分析

クラスター分析とは、観測値の集合を、観測値間の**類似度**に基づき、いわゆる「似た者同士」の部分集合に分類する方法のことです。この部分集合のことを**クラスター**と呼びます。クラスター分析はその原理が比較的理解しやすいこともあり、データ分析ではよく用いられています。また、主成分分析や因子分析などの他の手法と組み合わせて用いられることもあります。

8.1 クラスター分析とは

クラスター分析は、マーケティングの分野であれば、顧客の購買状況やウェブにおける行動履歴などから、顧客を分類したり、地域における消費の状況や社会指標などから地域を分類したりするために用いられます。その分類結果からクラスターごとにさらなる分析や考察が行われます。

クラスター分析においては、観測値同士がどの程度似ているかを測る指標(類似度)をどのように定めるかを決めておく必要があります。多くの場合、**ユークリッド距離**が用いられます。ユークリッド距離は、最も簡単な2変数(2次元)の場合は、2つの観測値 (x_i, y_i), (x_j, y_j) に対して

$$d_{ij} = \sqrt{(x_i - x_j)^2 + (y_i - y_j)^2} \tag{8.1}$$

で定義されます。3変数の場合は、2つの観測値 (x_i, y_i, z_i), (x_j, y_j, z_j) に対して

$$d_{ij} = \sqrt{(x_i - x_j)^2 + (y_i - y_j)^2 + (z_i - z_j)^2} \tag{8.2}$$

で定義されます。4変数以上の場合も同様です。

ユークリッド距離のほかに、重み付きユークリッド距離やマンハッタン距離、マハラノビスの距離などが用いられることもあります。これらの距離は、値が大きいほど観測値同士は似ていないと解釈できるので、**非類似度**と呼ばれることもあります。

8.2 階層型クラスター分析

分析の結果得られるクラスターが階層構造を持つようなクラスター分析を**階層型クラスター分析**と呼びます。例えば、2つのクラスターに分類した場合のクラスターをそれぞれ A_1, A_2 とします。同じデータに対して4つのクラスターに分類した場合のクラスターをそれぞれ B_1, B_2, B_3, B_4 とします。このとき、B_1, B_2, B_3, B_4 それぞれが A_1 か A_2 のいずれかに完全に含まれるような場合に、クラスターが階層構造を持つといいます（図8.1）。

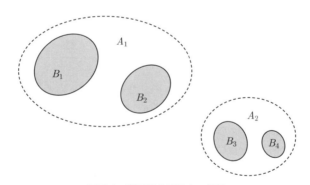

図 8.1 階層型クラスター分析

階層型クラスター分析は一般に次のような手順で実行されます。

- **手順1** 全ての観測値の組に対して非類似度を計算する。
- **手順2** 非類似度が最小となる観測値の組を1つのクラスターとしてまとめ、その非類似度を記録する。
- **手順3** 全ての観測値とクラスターの組に対して非類似度を再計算する。
- **手順4** 非類似度が最小となる観測値もしくはクラスターの組を1つのクラスターとしてまとめ、その非類似度を記録する。

手順5 クラスター数が1個になれば終了、そうでなければ手順3に戻る。

この手順3において、クラスター同士の距離を計算する必要があります。クラスター同士の距離を計算する方法も、様々なものが提案されてます。ここでは、経験的に比較的良好な分類結果が得られる**ウォード法**を紹介します。

ウォード法では、クラスター内のデータのばらつきの量を基準として、クラスター間の距離を定めます。図8.2は2つのクラスターを示しています。それぞれのクラスター内でのデータのばらつきは、各観測値からクラスターの重心（平均）の距離の2乗和で計算されます。この2つのクラスターを併合した様子が図8.3に示されています。併合されたクラスターにおいてクラスター内のデータのばらつきを計算すると、元の2つのクラスター内のデータのばらつきの和よりも大きくなります（$E_{ij} > E_i + E_j$）。併合したクラスター内のばらつきの、併合前の各クラスターのばらつきの和からの増加量が2つのクラスター間距離として定義されます。

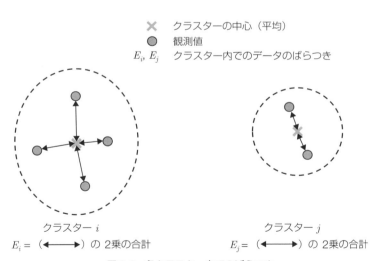

図8.2　各クラスター内でのばらつき

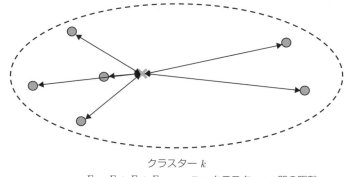

クラスター k
$E_k = E_i + E_j + E_{ij}$　　E_{ij}：クラスターi, j 間の距離

図 8.3　併合したクラスター内でのばらつき

ほかのクラスター間の距離の測り方としては、それぞれのクラスターに属する観測値同士の距離の中で最小、最大のものをクラスター間距離とする**最短距離法**や**最長距離法**などがあります。

8.3 階層型クラスター分析の実行

ここでは、平成 21 年度に実施された全国消費実態調査の結果から、都道府県ごとに集計された品目別の 1 世帯 1 か月あたりの平均支出のデータを分析してみます。データは e-Stat [1] からダウンロードできますが、必要部分のみ抽出したデータをあらかじめ用意していますので、これを読み込みます。

```
> download.file("http://goo.gl/gNqyqn", "消費支出H21.csv") [2]
> cons <- read.csv("消費支出H21.csv", row.names = 1)
```

読み込んだデータは以下のようになっています。

---

[1]　http://www.e-stat.go.jp/
[2]　download.file() 関数のコマンドは、本書の Web サイト（省略 URL で指定）からのデータを作業フォルダにダウンロードする命令です。データのダウンロードが失敗する場合には、Web サイトから zip ファイルをダウンロードし解凍した csv ファイルを作業フォルダにコピーしてください。

8.3 階層型クラスター分析の実行

```
> head(cons[,1:7])
      集計世帯数  年間収入  消費支出    米    パン  めん類  他の穀類
北海道    2123    5479    267577  3163   2030   1337    359
青森県     705    5662    260126  3225   1830   1506    242
岩手県     688    5640    273764  3485   1690   1379    278
宮城県     736    6609    311136  4584   1990   1400    307
秋田県     705    6045    287995  5093   1738   1652    224
山形県     702    6664    297262  3868   1661   1640    268
```

年間収入の単位は〔千円〕で、消費支出は1か月あたりの平均消費支出〔円〕が記録されています。米以降の列には、品目別の1世帯当たり月平均支出〔円〕が記録されています。品目別の支出額をクラスター分析にかけて、都道府県をそれらの値に基づいて分類してみましょう。ただし、支出額そのものでは、都道府県ごとの消費支出の総額が分析結果に大きく影響しますので、消費支出に対する各品目の支出額の割合〔％〕をクラスター分析にかけることにします。

dplyrパッケージを利用して、select()関数で「米」から「他の酒」の列を抽出します。そして、sweep()関数で、都道府県ごとにその消費支出で品目ごとの支出額を割り算しています。

```
> library(dplyr)
> cons.p <- (cons %>% select(米:他の酒) %>%
+           sweep(.,1,cons$消費支出,"/"))*100
```

さらに、品目間での支出割合の差の影響を除去するため、品目ごとの支出割合をscale()関数に渡し、各列で値を平均が0、標準偏差が1となるように標準化します。その結果をdist()関数に渡すことによって、非類似度が計算されます。dist()関数は、非類似度の情報が入った特別なクラスを返しますので、内容を表示させる場合にはas.matrix()関数で、行列に変換します。

第8章 クラスター分析

```
> cons.std <- scale(cons.p)
> cons.dist <- dist(cons.std)
> as.matrix(cons.dist)[1:5,1:5]
          北海道      青森県     岩手県     宮城県     秋田県
北海道   0.000000   5.493438  7.045973  7.233268  7.639232
青森県   5.493438   0.000000  5.874512  7.930446  6.334941
岩手県   7.045973   5.874512  0.000000  6.060991  5.645097
宮城県   7.233268   7.930446  6.060991  0.000000  8.347635
秋田県   7.639232   6.334941  5.645097  8.347635  0.000000
```

各要素は、その行および列の名前で示される都道府県間の距離になっています。対角要素は同じ都道府県同士の距離になりますから、必ず0になります。

dist()関数の出力を、hclust()関数に渡す[3]ことで階層型クラスター分析が実行されます。

```
> cons.hclust <- hclust(cons.dist, method="ward.D2")
> str(cons.hclust)
List of 7
 $ merge     : int [1:46, 1:2] -11 -27 -13 -8 -12 -21 -35 -24 -9 -17 ...
 $ height    : num [1:46] 2.55 2.69 2.7 2.93 3.06 ...
 $ order     : int [1:47] 1 2 5 3 6 13 11 14 12 22 ...
 $ labels    : chr [1:47] "北海道" "青森県" "岩手県" "宮城県" ...
 $ method    : chr "ward.D2"
 $ call      : language hclust(d = cons.dist, method = "ward.D2")
 $ dist.method: chr "euclidean"
 - attr(*, "class")= chr "hclust"
> head(cons.hclust$merge, n=10)
       [,1] [,2]
 [1,]  -11  -14
 [2,]  -27  -28
 [3,]  -13    1
 [4,]   -8  -10
 [5,]  -12  -22
 [6,]  -21  -23
 [7,]  -35  -40
 [8,]  -24  -25
 [9,]   -9    4
[10,]  -17  -18
```

---

[3] データ行列そのものを渡すと誤った結果になるので注意してください。

クラスター間距離の計算方法をウォード法にする場合には method 引数に ward.D2 を指定します。クラスター分析の結果はリストとして返されます。merge には、クラスターが結合していく過程が記録されています。各行はステップ数を示しており、負の数値は結合された個体番号を示します。正の数値は、その行より前にあるステップ番号を示しており、そのステップ番号で生成されたクラスターがそのステップで結合したことを意味しています。例えば、3 行目を見てみると、−13 と 1 となっていますので、これは、13 番目の個体（東京都）と第 1 ステップでできたクラスター（埼玉県と神奈川県）が第 3 ステップで結合したことを意味しています。height には各ステップでクラスターが形成されたときのクラスター間の距離が記録されています。

クラスター分析の結果である cons.hclust を plot() 関数に渡せば、**デンドログラム**と呼ばれる方法で分類結果を可視化できます。

```
> plot(cons.hclust)
> rect.hclust(cons.hclust, k=6)
```

出力結果は図 8.4 のようになります。rect.hclust() 関数で、クラスター数を指定すれば、そのクラスター数で同一のクラスターに入るグループが赤い枠線で囲まれます。おおよそ近い地域が同一のクラスターに入っていますが、一部離れた地域が混在したクラスターも存在するようです。どの都道府県がどのクラスターに分類されたかの情報は cutree() 関数で得られます。

```
> (cons.cnum <- cutree(cons.hclust, k=6))
```

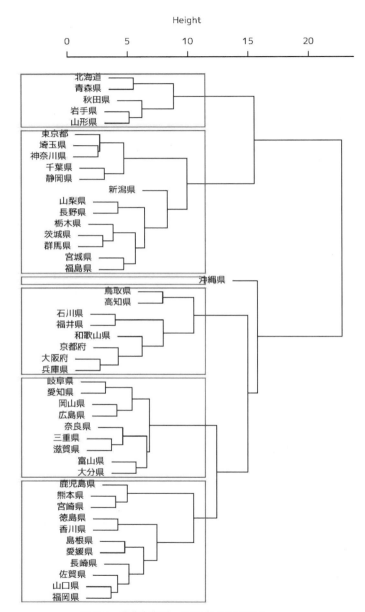

図 8.4　消費支出データのデンドログラム

8.4 可視化の工夫

　ここまでは、Rに標準で含まれる関数で階層型クラスター分析を行い、その結果をデンドログラムによって可視化しました。**dendextend**パッケージは、デンドログラムをカスタマイズしたり、2つのデンドログラムを比較したりするための様々な機能を提供しています。

```
> install.packages("dendextend")
> library(dendextend)
```

　まず、クラスター分析の結果をdendextendパッケージで定義されるdendrogramクラスに変換します。そして、color_branches()関数で、デンドログラムの木の枝にクラスターごとに色を付けます。色はcol引数で設定できますが、何も指定しない場合には、**colorspace**パッケージのrainbow_hcl()関数で与えられるパレットが用いられます。

```
> cons.dend <- as.dendrogram(cons.hclust)
> install.packages("colorspace")
> library(colorspace)
> cons.dend <- color_branches(cons.dend, k=6)
```

　さらに、都道府県のラベルにも同じ色を付けるために以下のコマンドを実行します。

```
> labels_colors(cons.dend) <-
+     rainbow_hcl(6)[
+         sort_levels_values(
+             cons.cnum[order.dendrogram(cons.dend)])]
```

　これでcons.dendをplot()関数に渡せば、クラスターごとに色分けされたデンドログラムが出力されます（図8.5）。

```
> plot(cons.dend)
```

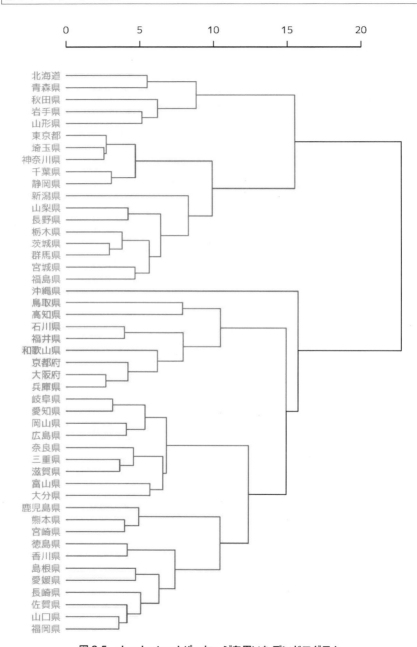

図 8.5　dendextend パッケージを用いたデンドログラム

8.4 可視化の工夫

クラスターごとの特徴を視覚的に捉えたいのであれば、ヒートマップ[†4]を描画するのがよいでしょう。**gplots** パッケージは、ヒートマップを描画するための関数を提供しています。

```
> install.packages("gplots")
> library(gplots)
```

ヒートマップを描画するには heatmap.2() 関数を用います。

```
> heatmap.2(cons.std,
+           main = "消費支出データのヒートマップ",
+           dendrogram = "row",
+           Rowv = cons.dend,
+           Colv = FALSE,
+           col = colorspace::diverge_hcl(256),
+           RowSideColors = labels_colors(cons.dend)[
+               order(order.dendrogram(cons.dend))]
+ )
```

1番目の引数にヒートマップを作成するためのデータ（ここではクラスター分析にかけたデータ）を指定します。Rowv 引数には、先ほど作成したデンドログラムを指定します。col 引数にはヒートマップの色を指定します。ここでは、値が小さければ青、大きければ赤となるようなパレットとしています。RowSideColors 引数には、ヒートマップの各行の先頭に付ける色を指定します。ここでは、クラスターに対応する色を指定していますが、都道府県の順番に指定しなければならないため、いくつかの並べ替えを行っています。

出力結果は図 8.6 のようになります。上から1番目の九州・四国を中心としたクラスターは、焼酎、調味料、卵、生鮮肉、魚肉練製品などが相対的に高い割合で支出しているように見えます。大分県を含む2番目のクラスターは、全体的に支出割合が低いようです。兵庫県を含む3番目のクラスターでは、パン、生鮮魚介、生鮮肉、卵、ビールの支出割合が高くなっています。4番目のクラスターは沖縄県のみで、他の都道府県との違いが大きいことがわかります。5番目のクラスターは首都圏から東北南部の都府県からなっています。主食や肉・魚はそれほど高くありませんが、果物、茶類、ウィスキー、ワイン、

[†4] ここでは行列形式のデータの値の大小により対応するセルに色を付けたプロットのことを指しています。

第8章 クラスター分析

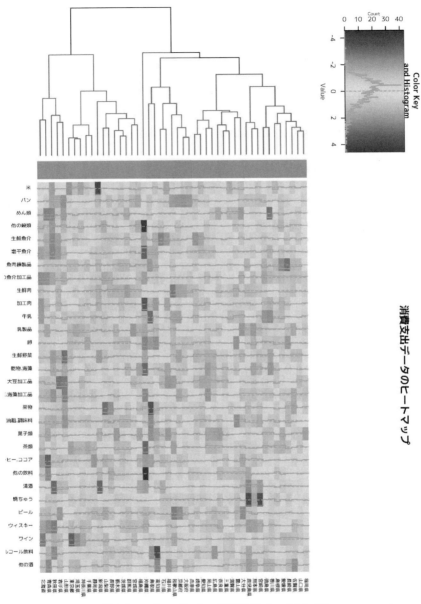

図 8.6 gplots パッケージを用いたヒートマップ

清酒などの支出が高くなっています。6番目の東北北部と北海道のクラスターは、パン、魚肉練製品、生鮮肉、卵以外の品目は全般的に支出割合が高くなっています。

8.5 非階層型クラスター分析

階層型クラスター分析は、あらかじめクラスターの数は決めずに分析を実行して、結果のデンドログラムを見ながら、解釈の容易さなども考慮してクラスター数を決めることができます。一方で、各ステップでクラスター内のばらつきやクラスター間距離を求めるための計算量が多くなりがちで、大規模データに対して、階層型クラスター分析を適用するのは困難な場合もあります。**非階層型クラスター分析**は、観測値の数が多くなっても階層型ほど計算量は増えないため、大規模データにはよく用いられています。ただし、非階層型の場合は、あらかじめクラスターの数を決めてから分析を実行する必要があります。

非階層型クラスター分析で最も代表的なのが *k*-means 法と呼ばれる手法です。*k*-means 法では、(1) あらかじめクラスター数を決めてから、乱数によってクラスターの中心の初期値を与えます。次に、(2) 全ての観測値について、全てのクラスターの中心までの距離を計算し、最も小さい距離となるクラスターに観測値を割り当てます。これにより、クラスターの中心が変化しますので、再び (2) を実行します。これをクラスターに所属する観測値の変化が起こらなくなるまで繰り返します。

k-means 法では、乱数で初期クラスターの中心を決定しますので、実行するたびに分類結果が異なる可能性があります。結果を再現したい場合には、`set.seed()` 関数を用いて、同じ乱数系列を与える必要があります。

8.6 非階層型クラスター分析の実行

ここでは、階層型で扱った消費支出のデータを *k*-means 法で分析してみましょう。階層型との比較のために、クラスター数を6と設定します。*k*-means 法は `kmeans()` 関数で実行でき、クラスター数は `centers` 引数で指定します。

```
> set.seed(100)
> cons.km <- kmeans(cons.std, centers=6)
```

分類結果は cons.km$cluster に格納されています。

```
> cons.km$cluster
  北海道   青森県   岩手県   宮城県   秋田県   山形県   福島県   茨城県
       4        4        4        1        4        4        1        2
  栃木県   群馬県   埼玉県   千葉県   東京都 神奈川県   新潟県   富山県
       2        2        2        2        2        2        1        5
  石川県   福井県   山梨県   長野県   岐阜県   静岡県   愛知県   三重県
       3        3        1        1        5        2        5        5
  滋賀県   京都府   大阪府   兵庫県   奈良県 和歌山県   鳥取県   島根県
       5        3        3        3        5        3        3        3
  岡山県   広島県   山口県   徳島県   香川県   愛媛県   高知県   福岡県
       5        5        5        5        5        3        3        5
  佐賀県   長崎県   熊本県   大分県   宮崎県 鹿児島県   沖縄県
       5        6        6        5        6        6        6
```

クラスターごとに所属する都道府県を確認するには以下のようにするとよいでしょう。

```
> tapply(row.names(cons), cons.km$cluster, unique)
$`1`
[1] "宮城県" "福島県" "新潟県" "山梨県" "長野県"

$`2`
[1] "茨城県"   "栃木県"   "群馬県"   "埼玉県"   "千葉県"
[6] "東京都"   "神奈川県" "静岡県"

$`3`
[1] "石川県"   "福井県"   "京都府"   "大阪府"   "兵庫県"
[6] "和歌山県" "鳥取県"   "島根県"   "愛媛県"   "高知県"

$`4`
[1] "北海道" "青森県" "岩手県" "秋田県" "山形県"

$`5`
[1] "富山県" "岐阜県" "愛知県" "三重県" "滋賀県" "奈良県" "岡山県"
[8] "広島県" "山口県" "徳島県" "香川県" "福岡県" "佐賀県" "大分県"

$`6`
[1] "長崎県" "熊本県" "宮崎県" "鹿児島県" "沖縄県"
```

8.6 非階層型クラスター分析の実行

分類結果は階層型の場合に近い形のものが得られているようです。クラスターごとの特徴を平行座標プロットで確認してみましょう。ここでは、**GGally**パッケージで提供される、ggparcoord()関数を利用して平行座標プロットを描画してみます。

```
> install.packages("GGally")
> library(GGally)
> cons.km.df <- as.data.frame(cbind(cons.std,
+                             cluster=cons.km$cluster))
> cons.km.df$cluster <- factor(cons.km.df$cluster)
> ggparcoord(cons.km.df, columns=1:30, groupColumn="cluster") +
+     facet_wrap(~cluster) + coord_flip() + theme_bw()
```

出力結果は図8.7のようになります。cons.km.dfは、データ行列とk-meansの結果得られた各都道府県が属するクラスター番号の列からなるデータフレームです。クラスターごとに塗り分け、分割するために、クラスター番号はfactor()関数で因子型に変換しています。そのデータフレームをggparcoord()関数に渡すと平行座標プロットが得られます。groupColumn引数には、塗り分けをするために用いる列名を指定します。facet_wrap()関数でプロットのクラスターごとの分割をしています。また、長いラベルを表示領域内に収めるため、coord_flip()関数で90度回転した平行座標プロットにしています。

最後に、クラスターの地域的特徴を直感的に把握するために、都道府県が属するクラスターを塗り分け地図で表現してみます。塗り分け地図を作成するためには、白地図が必要になります。白地図はシェープファイル（shape file）という形式が普及しており、Rにおいても、シェープファイルを取り込んで塗り分け地図を作成するライブラリが提供されています。ここでは、世界中の行政界のシェープファイルを配布しているGlobal Administrative Areas[5]から日本の行政界のシェープファイルをダウンロードします。トップページから「Download」タブを選択し、「Country」を「Japan」、「File Format」を「Shapefile」として「OK」ボタンをクリックすれば日本地図のプレビューが表示され、さらに「download」のリンクをクリックするとダウンロードが開始されます。ダウンロードしたファイルを解凍して、作業フォルダに移してください。

---

[5] http://www.gadm.org/

120　第 8 章　クラスター分析

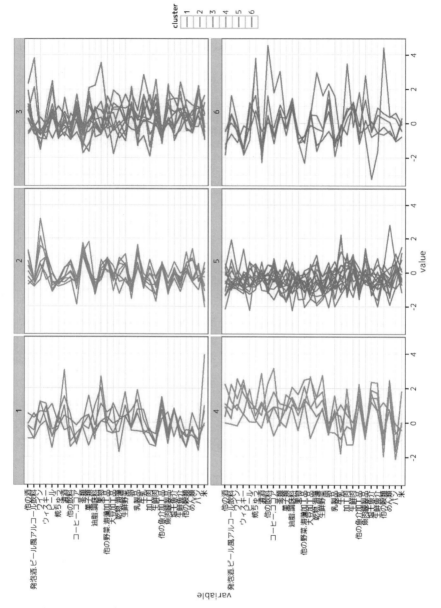

図 8.7　平行座標プロットによる k-means 法による分類結果

8.6 非階層型クラスター分析の実行

Rで塗り分け地図を作成する方法はいくつかありますが、ここでは **tmap** パッケージを用いる方法を紹介します。

```
> install.packages("tmap")
> library(tmap)
```

解凍したファイルの中で、JPN_adm1.shp[†6]が都道府県境界の白地図のデータとなっています。これを読み込みます。

```
> jpn <- read_shape("JPN_adm1.shp", encoding="UTF-8", use_iconv=TRUE)
> head(jpn@data)
  ID_0 ISO NAME_0 ID_1 NAME_1  TYPE_1 ENGTYPE_1 NL_NAME_1  VARNAME_1
0  114 JPN  Japan    1  Aichi     Ken Prefecture    愛知県       Aiti
1  114 JPN  Japan    2  Akita     Ken Prefecture    秋田県        <NA>
2  114 JPN  Japan    3 Aomori     Ken Prefecture    青森県        <NA>
3  114 JPN  Japan    4  Chiba     Ken Prefecture    千葉県 Tiba|Tsiba
4  114 JPN  Japan    5  Ehime     Ken Prefecture    愛媛県        <NA>
5  114 JPN  Japan    6  Fukui     Ken Prefecture    福井県       Hukui
```

シェープファイルには属性テーブルと呼ばれる、地物（ここでは都道府県）の情報が含まれており、Rでシェープファイルを読み込んだ場合には、「オブジェクト名@data」の形式でデータフレームとして参照できます。この属性テーブルに都道府県が属するクラスターの情報をリンクさせます。

```
> jpn@data <- cbind(
+         jpn@data,
+       cluster=factor(
+         cons.km$cluster[as.character(jpn@data$NL_NAME_1)]
+         ))
```

これを tmap パッケージで提供される関数に渡すことで、塗り分け地図が作成されます[†7]。出力結果は図 8.8 のようになります。

```
> library(sp)
> jpn <- spTransform(jpn, CRS("+proj=merc"))
```

[†6] 正確にいうと、JPN_adm1.* となっているファイル群です。

[†7] spTransform() 関数は、地図の座標系の変換を行うためのものです。ここでは、緯度経度の座標系から平面の座標系（メルカトル図法）に変換しています。tmap パッケージでは平面座標系のデータでないと警告が表示されます。

```
> tm_shape(jpn) +
+     tm_fill("cluster", palette=colorspace::rainbow_hcl(6)) +
+     tm_borders()
```

図 8.8　tmap パッケージによる都道府県が属するクラスターの塗り分け地図

第9章
自己組織化マップ (SOM)

自己組織化マップ（Self Organizing Map：**SOM**）は、クラスター分析と同様にデータをいくつかのグループに分類し、その後の分析などに利用する方法です。階層型クラスター分析は大量データの分類に向かないのですが、できたクラスターの関連はデンドログラムから読み取れます。一方、大量データの分類に用いられる k-means 法などの非階層型クラスター分析手法では、あらかじめクラスター数を決めておく必要があるため、得られたものが最適なクラスターであるか不安が残ります。

自己組織化マップはニューラルネットワークから派生した手法であり、あらかじめ多くの出力ユニットを設け、類似したケースが同じ出力層に振り分けられます。隣接するユニットは関連のあるものも配置されており、その判断により最終的な分類が判定できるという特徴があります。

9.1 自己組織化マップとは

自己組織化マップは、ニューラルネットワークの一種で、図 9.1 のように、入力層に分類を行うデータの p 個の変数がそれぞれユニットとして配置されます。i 番目のデータ $\boldsymbol{x}_i = (x_{i1}, x_{i2}, \cdots, x_{ip})$ の各値は、対応するユニットから入力されます。出力層のユニットは 2 次元の格子状に配置され、それらはすべて、入力層のユニットと接続されています。この接続には重みが設定されており、例えば、c 番目の出力ユニットの入力層に対する重みは $\boldsymbol{x}_c = (w_{c1}, w_{c2}, \cdots, w_{cp})$ のように表現できます。

あるデータが入力されると、出力層のすべてのユニットに対して、重みと入力値の差の大きさ $||\boldsymbol{x}_c - \boldsymbol{x}_i||$ が計算され、この値が最も小さいユニットにデー

タが振り分けられます。その後、振り分けられたユニットの重みは、振り分けられたデータとの差を反映するよう修正され、振り分けられた周辺のユニットの重みは、そのユニットの重みに近くなるように調整されます。この操作によって、近いユニットには似た傾向のデータが集まるようになります。

この処理をすべてのデータに対して繰り返し実行することで、最終的な重みが決定され、すべてのデータが各ユニットに振り分けられます。

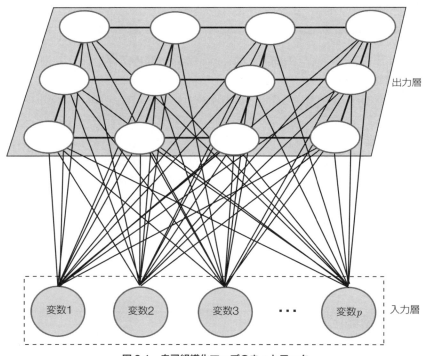

図 9.1　自己組織化マップのネットワーク

9.2 自己組織化マップによる分析例

どのように R を用いて SOM が行われるか確認してみましょう。例として、第 8 章でも用いた総務省統計局の平成 21 年全国消費実態調査「全国」「品目編」の「[二人以上の世帯]【品目別 1 世帯当たり 1 か月間の支出】地域別 - 全国・3 大都市圏平均・都市階級・地方・4 大都市圏・都道府県 - 二人以上の世

帯・うち勤労者世帯」から、全国 47 都道府県の品目別の 1 か月の平均支出のデータを読み込みます。

```
> shohi<-read.csv("消費支出H21.csv",row.names=1)
> summary(shohi)
```

このデータは、47 都道府県について、集計世帯数、年間収入のほかに、各品目のその都道府県の平均支出額が米、パンなどの穀類から、日本酒、ビールなどの酒類などについて記録されています。ここでは、酒類についてのみ興味があるので、**dplyr** パッケージを用いて必要な変数のみの新しいデータフレーム sakerui としましょう。

```
> library(dplyr)
> sakerui<-select(shohi,清酒,焼ちゅう,ビール,ウィスキー,ワイン,
+                 発泡酒.ビール風アルコール飲料,他の酒)
> head(sakerui)
```

SOM による解析は、**class** パッケージの somgrid() 関数と SOM() 関数を使います。まず、somgrid() 関数で、グリッドの形状とサイズを設定するために、適用したいデータとグリッド形式（topo 引数に rectangular（四角形）または hexagonal（六角形））と次元（xdim 引数に横軸方向のユニット数を、ydim 引数に縦軸方向のユニット数）を指定します。SOM() 関数にデータとグリッド形式のオブジェクトを指定して実行することで、SOM による学習が実施され、全てのデータが出力ユニットのいずれかに割り振られます。

```
> library(class)
> som.g <- somgrid(topo = "hexagonal", xdim=5, ydim=4)
> sake.som <- SOM(sakerui, som.g)
> sake.som
$grid
$pts
        x         y
 [1,] 1.5 0.8660254
 [2,] 2.5 0.8660254
 [3,] 3.5 0.8660254
 [4,] 4.5 0.8660254
 [5,] 5.5 0.8660254
```

```
     [6,]  1.0 1.7320508
     [7,]  2.0 1.7320508
     [8,]  3.0 1.7320508
     [9,]  4.0 1.7320508
    [10,]  5.0 1.7320508
    [11,]  1.5 2.5980762
    [12,]  2.5 2.5980762
    [13,]  3.5 2.5980762
    [14,]  4.5 2.5980762
    [15,]  5.5 2.5980762
    [16,]  1.0 3.4641016
    [17,]  2.0 3.4641016
    [18,]  3.0 3.4641016
    [19,]  4.0 3.4641016
    [20,]  5.0 3.4641016

$xdim
[1] 5

$ydim
[1] 4

$topo
[1] "hexagonal"

attr(,"class")
[1] "somgrid"

$codes
            清酒      焼ちゅう     ビール    ウィスキー      ワイン
  [1,]  626.7556  578.0268  1388.975   86.31291  172.9782
  [2,]  626.7556  578.0268  1388.975   86.31291  172.9782
  [3,]  634.9473  574.8671  1397.880   88.08721  179.2393
  [4,]  610.7644  553.7031  1348.032   81.55416  177.2981
  [5,]  665.0000  507.0000  1237.000   76.00000  197.0000
  [6,]  626.7556  578.0268  1388.975   86.31291  172.9782
  [7,]  626.7556  578.0268  1388.975   86.31291  172.9782
  [8,]  631.8539  576.0584  1380.262   91.76063  180.7691
  [9,]  616.7005  569.2899  1389.366   83.62803  166.7520
 [10,]  664.4244  542.6355  1431.867   88.02382  163.8556
 [11,]  631.8539  576.0584  1380.262   91.76063  180.7691
 [12,]  634.9473  574.8671  1397.880   88.08721  179.2393
 [13,]  616.7005  569.2899  1389.366   83.62803  166.7520
 [14,]  706.1805  587.8802  1401.099   86.81298  169.8006
 [15,]  523.0000  428.0000  1372.000  148.00000  303.0000
 [16,]  616.7005  569.2899  1389.366   83.62803  166.7520
 [17,]  616.7005  569.2899  1389.366   83.62803  166.7520
```

```
       [18,] 610.7644 553.7031 1348.032    81.55416 177.2981
       [19,] 664.4244 542.6355 1431.867    88.02382 163.8556
       [20,] 311.0000 873.0000 1448.000    19.00000 118.0000
             発泡酒.ビール風アルコール飲料      他の酒
       [1,]                     490.9786 150.4505
       [2,]                     490.9786 150.4505
       [3,]                     484.9795 151.0617
       [4,]                     463.5265 145.9940
       [5,]                     262.0000 176.0000
       [6,]                     490.9786 150.4505
       [7,]                     490.9786 150.4505
       [8,]                     491.5316 151.1857
       [9,]                     466.5373 146.7764
       [10,]                    529.9185 158.2650
       [11,]                    491.5316 151.1857
       [12,]                    484.9795 151.0617
       [13,]                    466.5373 146.7764
       [14,]                    547.3015 146.5812
       [15,]                    454.0000 188.0000
       [16,]                    466.5373 146.7764
       [17,]                    466.5373 146.7764
       [18,]                    463.5265 145.9940
       [19,]                    529.9185 158.2650
       [20,]                    565.0000  77.0000
       attr(,"class")
       [1] "SOM"
```

　出力オブジェクトの `$pts` には、出力層の各ユニットの中心座標が、`$codes` には、入力変数から出力層の各ユニットへの重みが格納されています。

　出力層の重みを `plot()` 関数で表示することで、各ユニットの特徴を把握し、隣接するユニットとの類似性について考察することができます（図9.2）。

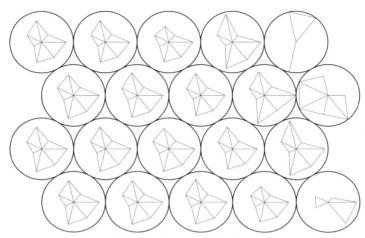

図 9.2　出力ユニットの重みベクトル

```
> plot(sake.som)
> symbols(sake.som$grid$pts[,1:2],circles=c(rep(0.5, 20)),
+         inches = FALSE,add = TRUE)
```

　出力オブジェクトには、どのユニットに振り分けられたかの情報はないですが、knn() 関数で求めることができます。その結果を用いて、どのユニットにどれだけデータが振り分けられたかを、先ほど表示した重みベクトルの星型図に点をプロットすることで確認します。各ユニットの中心座標に全ての点を描画すると数がわからないので、x 座標、y 座標ともに正規乱数を加えた位置にプロットします（図 9.3）。

```
> segment <- as.numeric(knn(sake.som$codes,sakerui, 1:20))
> jitter <- cbind(rnorm(nrow(sakerui),0, 0.15),
+                 rnorm(nrow(sakerui),0, 0.15))
> som.new <- sake.som$grid$pts[segment,] +jitter
> points(som.new)
```

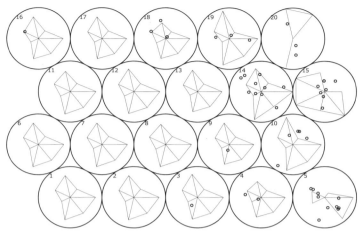

図 9.3　出力ユニットに振り分けられたケースの表示

このプロットから $4 \times 5 = 20$ 個の出力層のユニットを用いましたが、データが割り振られなかったユニットもあったことがわかります。

```
> table(segment)
segment
 3  4  5  9 10 14 15 16 18 19 20
 1  2 10  1  5 10  8  1  3  3  3
```

この結果から、3番ユニットに1つ、4番ユニットに2つ、など計11ユニットに振り分けられていることがわかります。

各ユニットの左上にグリッド番号を示すには、以下のように text() 関数で追加します。

```
> plot(sake.som)
> symbols(sake.som$grid$pts[,1:2],circles=c(rep(0.5, 20)),
+   inches = FALSE,add = TRUE)
> text(sake.som$grid$pts[,1]-0.3,sake.som$grid$pts[,2]+0.35,1:20)
```

それぞれの変数ごとに、各ユニットに振り分けられたケースの値を確認するために、箱ひげ図を描きます（図 9.4）。

```
> boxplot(sakerui[segment==5,],main="ユニット5")
> boxplot(sakerui[segment==10,],main="ユニット10")
> boxplot(sakerui[segment==14,],main="ユニット14")
> boxplot(sakerui[segment==15,],main="ユニット15")
> boxplot(sakerui[segment==20,],main="ユニット20")
> matome <- c(segment==3|segment==4|segment==9|
+         segment==10|segment==14|segment==19)
> boxplot(sakerui[matome,],main="ユニット3, 4, 9, 10, 14, 19")
```

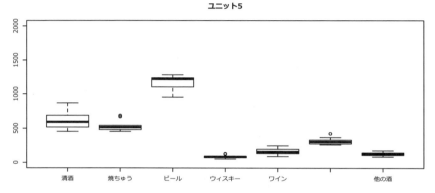

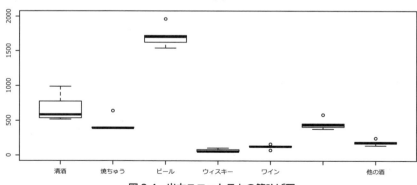

図 9.4　出力ユニットごとの箱ひげ図

9.2 自己組織化マップによる分析例

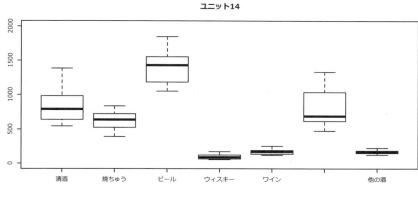

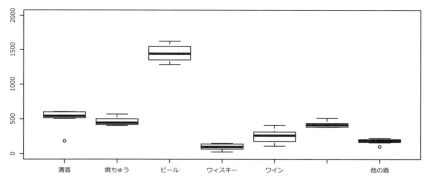

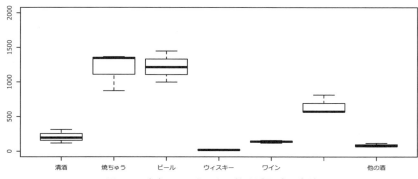

図 9.4 出力ユニットごとの箱ひげ図(つづき)

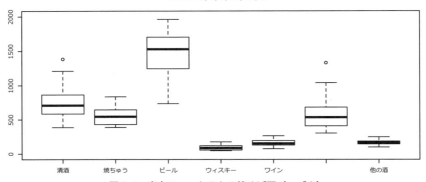

図 9.4　出力ユニットごとの箱ひげ図（つづき）

　ユニット 15 は他に比べると焼酎への支出が低いグループ、ユニット 20 は清酒への支出が低く焼酎への支出が高いグループであることなどがわかります。このように箱ひげ図で各ユニットに振り分けられた個体の特徴を把握することができますが、lattice グラフの levelplot() 関数を使って出力ユニット上に分類に用いた変数の特徴を表示することも可能です。必要なパッケージをインストールして、読み込みます。

```
> install.packages("kohonen")
> install.packages("latticeExtra")
> install.packages("deldir")
> library(kohonen)
> library(latticeExtra)
> library(deldir)
> sake.som.df <-
+     as.data.frame(cbind (sake.som$grid$pts, sake.som$codes))
> levelplot(清酒 ~ x * y, data = sake.som.df,
+         panel = panel.voronoi, aspect = "iso",main="清酒")
> levelplot(焼ちゅう ~ x * y, data = sake.som.df,
+         panel = panel.voronoi, aspect = "iso",main="焼酎")
> levelplot(ビール ~ x * y, data = sake.som.df,
+         panel = panel.voronoi, aspect = "iso",main="ビール")
> levelplot(ウィスキー ~ x * y, data = sake.som.df,
+         panel = panel.voronoi, aspect = "iso",main="ウィスキー ")
> levelplot(ワイン ~ x * y, data = sake.som.df,
+         panel = panel.voronoi, aspect = "iso",main="ワイン")
> levelplot(発泡酒.ビール風アルコール飲料 ~ x * y,
+         data = sake.som.df, panel = panel.voronoi,
```

```
+             aspect = "iso",main="発泡酒")
> levelplot(他の酒 ~ x * y, data = sake.som.df,
+             panel = panel.voronoi, aspect = "iso",
+             main="その他の酒")
```

清酒と焼酎について、図9.5に示します。

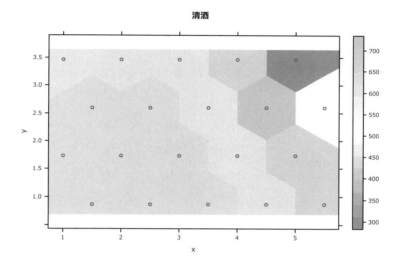

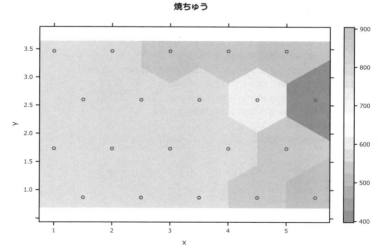

図9.5 各ユニットの清酒（上）と焼酎（下）への支出額を示すプロット

これらの図から、清酒については濃い青のユニット 14（10 や 19 も）が支出が多く、赤色のユニット 20 は支出が少ないことがわかります。また焼酎については、青色のユニット 20 は支出が多く、濃い赤色のユニット 15 は支出が少ないということがよくわかります。

9.3 自己組織化マップによる分類

先ほどの例は 47 都道府県と小さいデータであったので、440 ケースあるデータでの SOM によるグルーピングを行います。Wholesale customers data は 440 ケースであるため、SOM グリッドとしては 8 × 6 = 48 のユニットによる SOM を作ります。

```
> ws.customer <- read.csv("Wholesale customers data.csv")
> head(ws.customer)
  Channel Region Fresh  Milk Grocery Frozen Detergents_Paper Delicassen
1       2      3 12669  9656    7561    214             2674       1338
2       2      3  7057  9810    9568   1762             3293       1776
3       2      3  6353  8808    7684   2405             3516       7844
4       1      3 13265  1196    4221   6404              507       1788
5       2      3 22615  5410    7198   3915             1777       5185
6       2      3  9413  8259    5126    666             1795       1451
> som.g2 <- somgrid(topo = "hexagonal", xdim=8, ydim=6)
> wsc.som <- SOM(ws.customer, som.g2)
> plot(wsc.som)
> symbols(wsc.som$grid$pts[,1:2],circles=c(rep(0.5, 48)),
+         inches = FALSE,add = TRUE)
> seg2<-as.numeric(knn(wsc.som$codes,ws.customer, 1:48))
> jitter<- cbind(rnorm(nrow(ws.customer),0, 0.15),
+                rnorm(nrow(ws.customer),0, 0.15))
> wsc.new<-wsc.som$grid$pts[seg2,] +jitter
> points(wsc.new)
> text(wsc.som$grid$pts[,1]-0.3,wsc.som$grid$pts[,2]+0.35,1:48)
```

まずどのように振り分けられたかについて図 9.6 で確認しましょう。

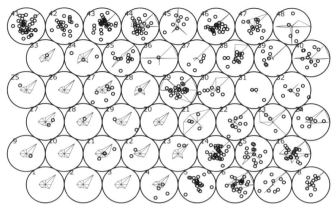

図 9.6 出力ユニットに振り分けられたケースの表示

次に、Channel の違いが出力ユニットにどのように散らばっているか確認します。

```
> plot(wsc.som)
> symbols(wsc.som$grid$pts[,1:2],circles=c(rep(0.5, 48)),
+         inches = FALSE,add = TRUE)
> points(wsc.new,col=c(2:3)[unclass(ws.customer$Channel)],
+        pch=c(1:2)[unclass(ws.customer$Channel)])
> text(wsc.som$grid$pts[,1]-0.3,wsc.som$grid$pts[,2]+0.35,1:48)
```

この結果が図 9.7 です。

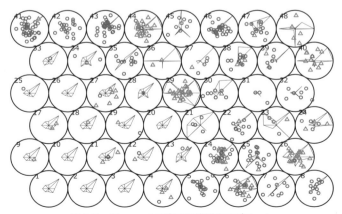

図 9.7 Channel の違いを確認するプロット

次に、Regionの違いが出力ユニットにどのように散らばっているか確認します。

```
> plot(wsc.som)
> symbols(wsc.som$grid$pts[,1:2],circles=c(rep(0.5, 48)),
+         inches = FALSE,add = TRUE)
> points(wsc.new,col=c(2:4)[unclass(ws.customer$Region)],
+        pch=c(1:2)[unclass(ws.customer$Channel)])
> text(wsc.som$grid$pts[,1]-0.3,wsc.som$grid$pts[,2]+0.35,1:48)
```

この結果が図9.8です。

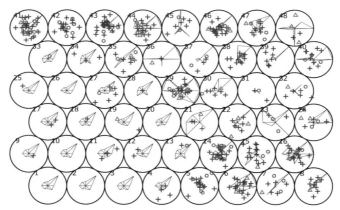

図9.8　Regionの違いを確認するプロット

Channelが違う個体の方が異なるユニットに振り分けられていることがわかります。

9.2節で行ったように、ユニットごとに箱ひげ図で特徴を把握するにはユニットが多すぎるので、levelplot()関数により各ユニットの特徴を把握してみます。

```
> wsc.som.df <-
+     as.data.frame(cbind (wsc.som$grid$pts, wsc.som$codes))
> levelplot(Channel ~ x * y, data = wsc.som.df,
+           panel = panel.voronoi, aspect = "iso",main="Channel")
> table(ws.customer$Channel)

Horeca Retail
```

```
      298     142
> table(as.numeric(ws.customer$Channel))

  1   2
298 142
> levelplot(Region ~ x * y, data = wsc.som.df,
+           panel = panel.voronoi, aspect = "iso",main="Region")
> table(ws.customer$Region)

      Lisbon       Oporto Other Region
          77           47          316
```

質的変数の場合には、水準に対応する整数で表されるので、`table()` 関数を使って確認していることからわかるように、`Channel` 変数は 2 水準で、1 は `Horeca` を、2 は `Retail` を表しています。また、`Region` 変数は 3 水準で、1 は `Lisbon` を、2 は `Oporto` を、3 は `Other Region` を表しています。プロットの各ユニットは、どの水準の個体が多いかによって、その値に対応する色で表されています。

量的変数は値の大きさによりそのユニットの特徴を示しています。

```
> levelplot(Fresh ~ x * y, data = wsc.som.df,
+           panel = panel.voronoi, aspect = "iso",main="Fresh")
> levelplot(Milk ~ x * y, data = wsc.som.df,
+           panel = panel.voronoi, aspect = "iso",main="Milk")
> levelplot(Grocery ~ x * y, data = wsc.som.df,
+           panel = panel.voronoi, aspect = "iso",main="Grocery")
> levelplot(Frozen ~ x * y, data = wsc.som.df,
+           panel = panel.voronoi, aspect = "iso",main="Frozen")
> levelplot(Detergents_Paper ~ x * y, data = wsc.som.df,
+           panel = panel.voronoi, aspect = "iso",
+           main="Detergents_Paper")
> levelplot(Delicassen ~ x * y, data = wsc.som.df,
+           panel = panel.voronoi, aspect = "iso",
+           main="Delicassen")
```

第 9 章 自己組織化マップ (SOM)

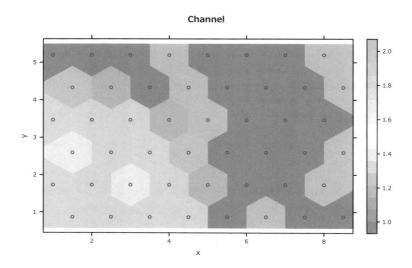

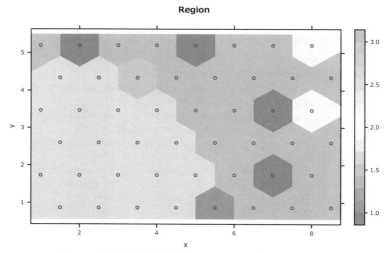

図 9.9 量的な説明変数に対する各ユニットの特徴プロット

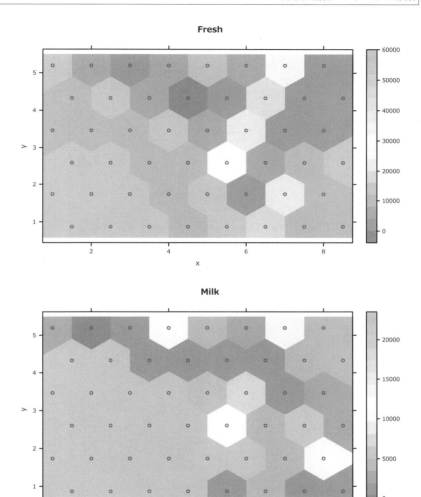

図 9.9 量的な説明変数に対する各ユニットの特徴プロット（つづき）

第9章 自己組織化マップ（SOM）

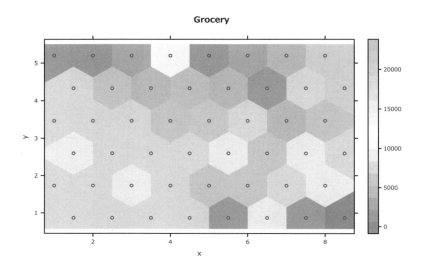

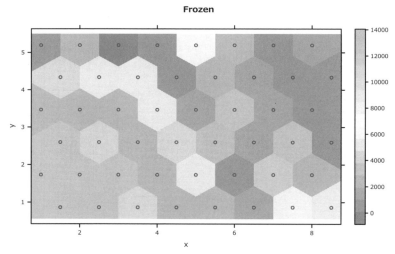

図 9.9　量的な説明変数に対する各ユニットの特徴プロット（つづき）

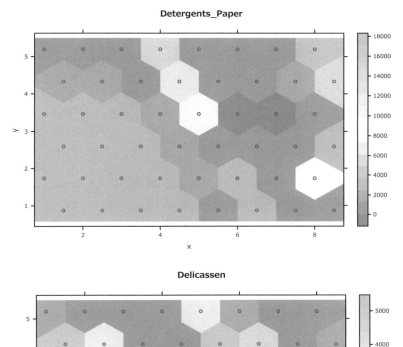

図 9.9　量的な説明変数に対する各ユニットの特徴プロット（つづき）

　図 9.9 から、ユニット 23 と 29 はともに Milk, Grocery, Delicassen の値が大きいが、Channel についてはユニット 23 は 1 つまり Horeca が多く、ユニット 29 は 2 つまり Retail が多いという違いがあることがわかります。また、ユニット 45 は Fresh と Delicassen が高いグループであることなどがわかります。

第10章 主成分分析

　主成分分析とは量的変数からなる外的基準を持たないデータに対する分析手法の1つです。多次元の量的変数を結合して低次元の総合指標を作ることを目的とします。考え方としては、相関の強い変数に対して、軸を回転することによってより少ない軸の変数だけで説明しようとする変換で、数学的には変数の分散共分散行列の固有値問題となります。

　主成分分析は、アンケート調査の結果から顧客満足度の計算や顧客のマッピングをしたり、画像処理の中で特長を抽出することなどにも応用されています。

10.1 主成分分析とは

　2変数のデータは散布図によって、3変数のデータでは3次元散布図によってデータの様子が理解できます。一方、4変数以上になるとこのような方法でデータの様子を理解するのは困難になります。主成分分析は、データ全体の持つ情報をできるだけ損なわないような少数の総合指標を構成するための手法です。これらの総合指標には、各変数との関係の強さにより、分析者が意味付けをします。もし、2つの総合指標が得られれば、データの様子はそれらの散布図で理解することができます。

　原理を大まかに理解するため、2変数のデータを例に説明します。図10.1は10人分の数学（x_1）と英語（x_2）の点数の散布図です。図10.2に実線で示されている直線は、総合指標を示す数直線であると考えてください。ある人の得点の組である散布図上の点から、数直線に下ろした垂線と数直線との交点が、その人の総合指標の得点になります。図10.2の直線は、数学と英語を同等に

評価した場合の総合指標(具体的には、合計や平均)となっています。また、点線は、この場合に同一の総合指標の値が得られる得点の組の集まりを示しています。

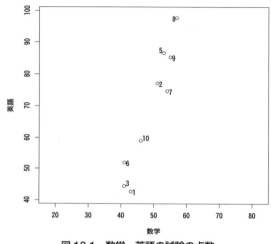

図 10.1　数学・英語の試験の点数

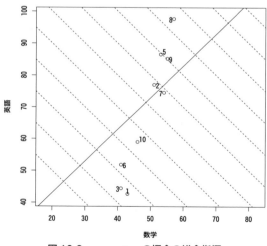

図 10.2　$z = x_1 + x_2$ の場合の総合指標

このデータにおいては、数学よりも英語の得点のばらつきが大きいため、これでは英語の得点のばらつきが過小評価されてしまいます。そこで、総合指標 z を、

$$z = a_1 x_1 + a_2 x_2$$

とおいて、より適切な (a_1, a_2) を導くことを考えます。図 10.3 は、a_2 を a_1 の 3 倍とした場合の、総合指標を示しています。散布図上の点（個々の得点の組）のばらつきが、対応する数直線上の点のばらつきにほぼ集約されていることが見て取れます。

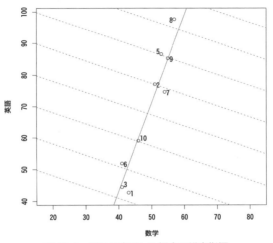

図 10.3 重みを変更した場合の総合指標

主成分分析によって、このような総合指標（**主成分**）を構成することができます。主成分の係数 (a_1, a_2) を**主成分負荷量**と呼びます。例えば、5 教科の試験結果のデータに主成分分析を適用して得られた主成分について、数学と理科の主成分負荷量の絶対値が大きい場合には、その主成分は理系能力を示すと解釈することができます。また、各個体に対して計算された主成分の値のことを**主成分得点**と呼びます。

1 つの主成分だけで、データ全体の情報（ばらつき）を適切に反映できるとは限りません。図 10.3 で示された主成分に直交する方向に、別の総合指標（主成分）をとれば、これら 2 つの主成分の組で、データの持つ情報を完全に再現することができます。最初に得られた主成分を**第 1 主成分**、その次に得られた主成分を**第 2 主成分**と呼びます。別のいい方をすると、第 1 主成分は、主成分得点のばらつきが最大になるように決定され、第 2 主成分は第 1 主成分に

直交する方向に、その主成分得点のばらつきが最大になるように決定されます。このようにすると、p 変数のデータに対しては、p 個の主成分が得られます。主成分得点のばらつきが、元のデータ全体のばらつきに占める割合のことを**寄与率**と呼びます。変数の数に比べて少数の主成分の寄与率の合計（**累積寄与率**）が十分大きく（例えば、80％以上）なった場合には、それら少数の主成分でデータ全体がよく説明できたことになります。

数学的には、主成分得点は、分散共分散行列（対角要素に各変数の分散、非対角要素に変数同士の共分散を配置した行列）の固有値問題を解くことにより導出されます。また、その結果得られた固有値が、各主成分得点のばらつき（分散）に相当します。理論の詳細については、専門書に譲ることにします。

10.2 対象とするデータの準備

主成分分析で対象とするデータは回帰分析で扱うデータと同じような形式ですが、外的基準を持たないので、全てが説明変数と考えられます。ここでは、attitude データによりある会社の 30 部署で行われた管理者に対する態度のアンケート調査データを分析することにします。attitude は以下の変数からなっています。

(1) rating 　　　全体的格付け
(2) complaints 　雇用者の苦情の処理
(3) privileges 　特別な特権の付与
(4) learning 　　学習の機会
(5) raises 　　　能力に基づいた昇給
(6) critical 　　批判的すぎる
(7) advance 　　昇進

このデータは、それぞれの部署で約 35 人に上記 7 つの項目を質問し、好感的な反応の平均割合をパーセンテージ（％）で示しています。1 つ目の変数 rating は、会社の総合評価であり、まさに主成分分析で得ようとする指標なので、ここでは利用しないこととします。

```
> attitude.01 <- attitude[,-1]
> summary(attitude.01)
   complaints       privileges       learning         raises     
 Min.   :37.0    Min.   :30.00    Min.   :34.00    Min.   :43.00  
 1st Qu.:58.5    1st Qu.:45.00    1st Qu.:47.00    1st Qu.:58.25  
 Median :65.0    Median :51.50    Median :56.50    Median :63.50  
 Mean   :66.6    Mean   :53.13    Mean   :56.37    Mean   :64.63  
 3rd Qu.:77.0    3rd Qu.:62.50    3rd Qu.:66.75    3rd Qu.:71.00  
 Max.   :90.0    Max.   :83.00    Max.   :75.00    Max.   :88.00  
    critical         advance     
 Min.   :49.00    Min.   :25.00  
 1st Qu.:69.25    1st Qu.:35.00  
 Median :77.50    Median :41.00  
 Mean   :74.77    Mean   :42.93  
 3rd Qu.:80.00    3rd Qu.:47.75  
 Max.   :92.00    Max.   :72.00  
> boxplot(attitude.01)
```

まずはデータの基本統計量を見て、それぞれの変数の分布を確認します。1番目の変数を取り除いたデータ attitude[,-1] を attitude.01 として置き直します。また、boxplot() 関数により箱ひげ図でそれぞれの分布を比較します（図10.4）。

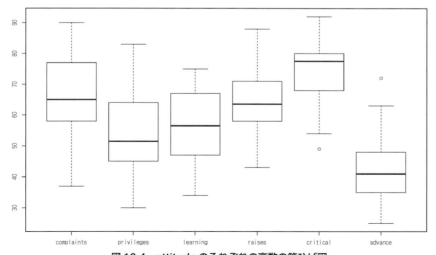

図10.4　attitude のそれぞれの変数の箱ひげ図

このデータの単位はすべてパーセントなので、オーダーは同じで大きな違いがなさそうに思えます。しかし、分布を比較してみると、advance の平均が比較的小さいので、標準化したデータで主成分分析を行うことにします。

ここで、変数間の相関も数値で確認し、そして視覚化します。**GGally** パッケージの ggpairs() 関数で描画してみます（図 10.5）。

```
> library(GGally)
> ggpairs(attitude.01, lower=list(continuous="smooth"))
```

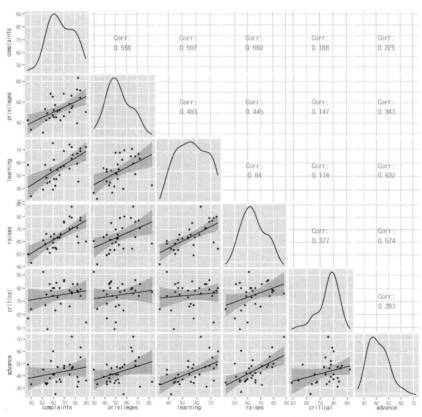

図 10.5 attitude の変数間の相関関係を視覚化

ggpairs()関数は、散布図行列を発展させた視覚化の1つで、左下の領域には散布図とスムージングの直線を、右上の領域には相関係数を表示します。ggpairs()関数の1つ目の引数はデータである attitude.01 を、2つ目の引数である lower は左下の描画として、引数の continuous によって量的変数をスムージングするように指定します。ここでは、雇用者の苦情の処理と、特別な特権の付与、学習の機会および昇給との相関が高いことがわかります。

10.3
主成分分析の実行

R では princomp() 関数によって、主成分分析を実行できます。

```
> attitude.pca <- princomp(~., cor = TRUE, data=attitude.01)
> loadings(attitude.pca)

Loadings:
           Comp.1 Comp.2 Comp.3 Comp.4 Comp.5 Comp.6
complaints -0.439  0.313 -0.445 -0.316  0.192 -0.612
privileges -0.395  0.309 -0.217  0.815         0.190
learning   -0.461  0.217  0.272 -0.225 -0.776  0.118
raises     -0.493 -0.116        -0.365  0.460  0.631
critical   -0.225 -0.802 -0.457        -0.289
advance    -0.381 -0.321  0.687  0.206  0.255 -0.416

               Comp.1 Comp.2 Comp.3 Comp.4 Comp.5 Comp.6
SS loadings     1.000  1.000  1.000  1.000  1.000  1.000
Proportion Var  0.167  0.167  0.167  0.167  0.167  0.167
Cumulative Var  0.167  0.333  0.500  0.667  0.833  1.000
```

最初の引数には、モデル式を指定しています。チルダより左を空欄とし、右は全ての変数を利用するのでドット（.）とします。先ほどの検討より、標準化したデータで分析を行うこととしましたので、cor = TRUE とします。loadings()関数で結果の主成分負荷量を見ることができます。これにより、それぞれの主成分が元の変数に対してどれくらいの影響を与えているかを示しています。この出力結果のLoadings:の行列を縦に、列ごとに読みます。Comp.1の第1主成分は全て負になっているので、全体的な影響を表している総合指標となっています。また、第2主成分は学習の機会や雇用者の苦

情の処理、特別な特権の付与など雇用者の機会に関する項目が正となり、昇進や能力に基づいた昇給など雇用者の待遇に対する項目が負となっています。さらに、第3主成分は、学習の機会や昇進などポジティブなことに対する項目が正となり、批判や苦情などネガティブな項目が負となっています。

次に、主成分の数をいくつに絞るかを検討します。

```
> attitude.pca$sd^2
    Comp.1    Comp.2    Comp.3    Comp.4    Comp.5    Comp.6
3.1692232 1.0063467 0.7629087 0.5525165 0.3172465 0.1917584
> attitude.pca$sd^2/6
     Comp.1     Comp.2     Comp.3     Comp.4     Comp.5     Comp.6
0.52820387 0.16772446 0.12715145 0.09208608 0.05287441 0.03195973
> cumsum(attitude.pca$sd^2/6)
    Comp.1    Comp.2    Comp.3    Comp.4    Comp.5    Comp.6
0.5282039 0.6959283 0.8230798 0.9151659 0.9680403 1.0000000
> summary(attitude.pca)
Importance of components:
                          Comp.1   Comp.2   Comp.3   Comp.4   Comp.5
Standard deviation     1.780231 1.003168 0.873447 0.7433145 0.5632464
Proportion of Variance 0.528204 0.167725 0.127152 0.0920861 0.0528744
Cumulative Proportion  0.528204 0.695928 0.823080 0.9151659 0.9680403
                          Comp.6
Standard deviation     0.4379023
Proportion of Variance 0.0319597
Cumulative Proportion  1.0000000
> screeplot(attitude.pca)
```

princomp()関数の結果の標準偏差を用いて、固有値を求めます。そこから、寄与率、さらに累積寄与率を求めることもできますが、summary()関数によって一括で表示することもできます。また、図10.6のようにスクリープロットにより視覚化することもできます。主成分としては、累積寄与率が高い部分（例えば0.8以上）を主成分として採用します。主成分分析によって、寄与率の高い成分だけを採用すると考えれば、寄与率の1個あたりの平均値（今回の場合は$1/6 = 0.1667$）よりも大きい主成分だけを採用するという考え方もあります[†1]。

---

†1 固有値が1以上を採用する場合と同じです。

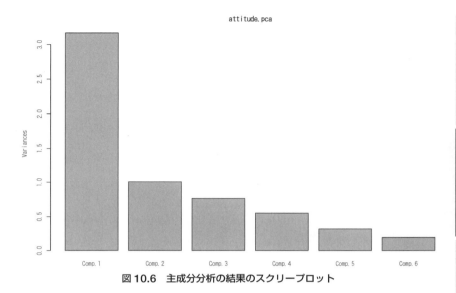

図10.6 主成分分析の結果のスクリープロット

今回の場合は、前者で考えれば主成分の数は3、後者で考えれば主成分の数は2となります。もしくは、スクリープロットを見ると、第1主成分が大きく、以降はなだらかに下がっていると判断すれば、第1主成分だけを採用するということになります。ここでは、主成分の数は3と考えて、第1主成分～第3主成分までを見ていくこととします。

```
> plot(attitude.pca$loadings[,1:2], xlim=c(-0.5, 0.5),
+      ylim=c(-1,1))
> plot(attitude.pca$scores[,1:2], type="n")
> text(attitude.pca$scores[,1:2], labels=1:30)
```

変数の状況と観察対象（今回の場合は30の部署）の状況を比較するために、先ほどの変数ごとの主成分負荷量のプロット（図10.7）と部署ごとの主成分得点のプロット（図10.8）を重ね合わせることを考えます。主成分得点は主成分分析の結果のうち scores によって得られます。

第10章 主成分分析

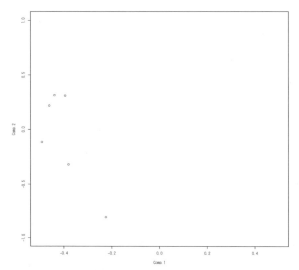

図10.7 変数ごとの主成分負荷量のプロット（第1主成分と第2主成分）

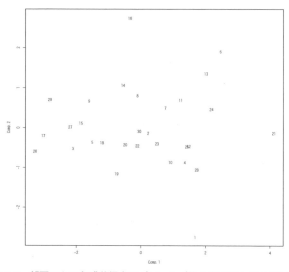

図10.8 部署ごとの主成分得点のプロット（第1主成分と第2主成分）

```
> biplot(attitude.pca)
> biplot(attitude.pca, choices=c(2,3))
```

　これらの2つの図をbiplot()関数によって1つの図に重ね合わせることができます。特にオプションとして変数を指定しなければ、図10.9のように横軸に第1主成分、縦軸に第2主成分をとって重ね合わせます。choices引数に表示する主成分を指定することができますので、図10.10のように横軸に第2主成分、縦軸に第3主成分を表示するには、choices=c(2,3)とします。

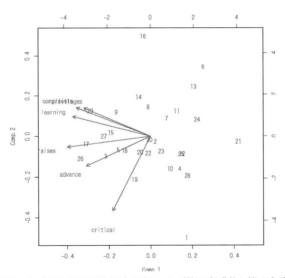

図10.9　主成分分析の結果のバイプロット（第1主成分と第2主成分）

第10章 主成分分析

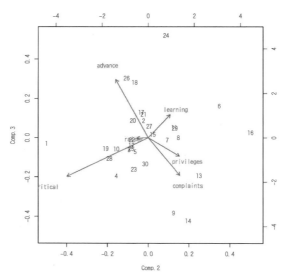

図10.10 主成分分析の結果のバイプロット(第2主成分と第3主成分)

　バイプロットは2つのプロットを強引に重ね合わせていて、ここでは数字で部署を、文字で変数を示しています。図を解釈するためには主成分負荷量から軸の意味付けを行い、そこから主成分得点のプロットを解釈します。今回の場合、図10.10より横軸が右ほど雇用者の機会に関する項目、左ほど雇用者の待遇に対する項目を表すので、部署16は雇用者の機会に関する項目が、部署1は雇用者の待遇が特徴的です。また縦軸は、上ほどポジティブな項目、下ほどネガティブな項目となり、部署24はポジティブな回答項目が特徴的です。さらに、部署9や部署14は、雇用者の機会のうちポジティブな回答項目が特徴的であるといえます。

第11章 対応分析

対応分析とは外的基準を持たない質的変数のデータに対して分析する手法の1つで、**コレスポンデンス分析**とも呼ばれます。質的変数のクロス集計表の度数を行和が1になるように基準化したデータの主成分分析を考えることができます。分析のイメージとしては、分割表の行および列を並べ替えることでよく似た行や列を隣り合わせて、データの特徴や傾向を調べることです。

11.1 対応分析

ここでは、MASSパッケージに含まれるcaithデータを用いて分析を進めます。caithはイギリス・ケイスネスにおける人々の目の色（Eyes）と髪の色（Hair）に関する5378人の調査結果についてクロス集計したデータです。

```
> library(MASS)
> data(caith)
> caith
       fair red medium dark black
blue    326  38    241  110     3
light   688 116    584  188     4
medium  343  84    909  412    26
dark     98  48    403  681    85
```

実際にデータを眺めてみてもクロス集計表から判断するのは難しいので、モザイクプロットを描画してみましょう。

```
> mosaicplot(caith,color=T,dir="h", main="")
```

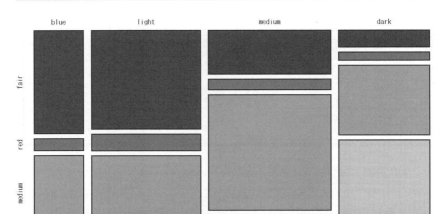

図11.1 モザイクプロット

このモザイクプロットが図 11.1 です。このプロットから、髪の色が fair の人は目の色が blue や light の人の割合が多く、逆に目の色が dark の人は髪の色が dark の人の割合が多いことがわかります。

このような2つの質的変数の反応の傾向について、可視化する別の方法として対応分析があります。

対応分析を行うために、MASS パッケージの corresp() 関数を用います。corresp() 関数では最初の引数にデータ、2番目の引数（nf）に求める因子（factor）の数を指定します。corresp() 関数を実行した結果は正準相関（First canonical correlation(s)）、行得点（Row scores）および列得点（Column scores）からなっています。

ここでは、caith データを用いて、nf=2 として実行します。

```
> caith.ca <- corresp(caith, nf=2)
> caith.ca

First canonical correlation(s): 0.4464 0.1735
```

```
Row scores:
           [,1]     [,2]
blue    -0.89679   0.9536
light   -0.98732   0.5100
medium   0.07531  -1.4125
dark     1.57435   0.7720

Column scores:
           [,1]     [,2]
fair    -1.21871   1.0022
red     -0.52258   0.2783
medium  -0.09415  -1.2009
dark     1.31888   0.5993
black    2.45176   1.6514
```

固有値は計算結果として保存されていないので、$cor に保存されている正準相関係数より計算することになります。

髪の色が4色で、目の色が3色なので、少ない方の3までの次元を求められるので、nf=3として対応分析を行うことで、3軸までの累積寄与率を把握します。

```
> eigen <- caith.ca$cor^2
> eigen
[1] 0.19924 0.03009
> eigen.all <- corresp(caith, nf=3)$cor^2
> round(eigen.all,3)
[1] 0.199 0.030 0.001
> round(100*cumsum(eigen.all) / sum(eigen.all), 1)
[1]  86.6  99.6 100.0
```

この結果を表にすると表 11.1 になります。

表11.1 対応分析の各軸の固有値と累積寄与率

	第1軸	第2軸	第3軸
固有値	0.199	0.030	0.001
累積寄与率〔%〕	86.6	99.6	100.0

第2固有値までで、累積寄与率が99%以上なので、第2固有値までの得点でバイプロットを描きます。

```
> biplot(caith.ca)
```

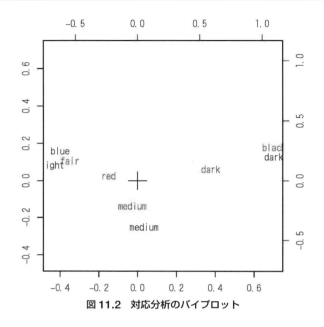

図 11.2　対応分析のバイプロット

　図 11.2 から、先ほどのモザイクプロットで得られた関係、髪の色が fair の人は目の色が blue や light の人の割合が多く、逆に目の色が dark の人は髪の色が dark の人の割合が多いことがわかります。さらに、髪の色が medium の人は目の色が medium が多いことや、髪の色が red の人は他と比べて特定の目の色との関連が強くないことがわかります。再度モザイクプロットと並べて確認してみてください。対応分析によるバイプロットでは、2 つの変数に関するクロス集計結果が非常にわかりやすく可視化されているのがわかります。

11.2 多重対応分析

先ほど扱ったデータに似ていますが、`HairEyeColor`データは、592人の髪の色と眼の色と性別のクロス集計データです。

```
> HairEyeColor
, , Sex = Male

       Eye
Hair    Brown Blue Hazel Green
  Black    32   11    10     3
  Brown    53   50    25    15
  Red      10   10     7     7
  Blond     3   30     5     8

, , Sex = Female

       Eye
Hair    Brown Blue Hazel Green
  Black    36    9     5     2
  Brown    66   34    29    14
  Red      16    7     7     7
  Blond     4   64     5     8
```

これは、3次元のクロス集計表になります。このクロス表のデータを第5章でタイタニックデータを展開したように、`expand.table()`関数を使ってデータフレームに変換します。

```
> library(epitools)
> HairEyeColor.df <- expand.table(HairEyeColor)
> HairEyeColor.df
      Hair   Eye    Sex
1    Black Brown   Male
2    Black Brown   Male
3    Black Brown   Male
......
590  Blond Green Female
591  Blond Green Female
592  Blond Green Female
```

このように、3変数以上の質的変数に関して、その関係を見る方法が**多重対**

応分析です。多重対応分析は、`mca()`関数を用いて、`corresp()`関数とほぼ同様の形式で実行できます。

```
> HairEyeColor.mca <-mca(HairEyeColor.df, nf=2, )
> HairEyeColor.mca
Call:
mca(df = HairEyeColor.df, nf = 2)

Multiple correspondence analysis of 592 cases of 3 factors

Correlations 0.699 0.621   cumulative % explained 34.97 66.04
```

多重対応分析の結果として、正準相関が第1軸が0.699、第2軸が0.621であることが示されています。`summary(HairEyeColor.mca)`でどのような結果が保持されているか確認できます。

```
> summary(HairEyeColor.mca)
     Length Class  Mode
rs   1184   -none- numeric
cs     20   -none- numeric
fs   1184   -none- numeric
d       2   -none- numeric
p       1   -none- numeric
call    3   -none- call
```

行得点は`$rs`に、列得点は`$cs`に、正準相関は`$d`に記録されています。正準相関の2乗が固有値です。

```
> HairEyeColor.mca$d
[1] 0.6993436 0.6213633
> eigen.all<-HairEyeColor.mca$d^2
> round(100*cumsum(eigen.all) / sum(eigen.all), 1)
[1]  55.9 100.0
```

3つの変数のうちで、性別は2値のため、多重対応分析の次元は2となります。

多重対応分析の結果をバイプロットで表示しましょう。

```
> biplot(HairEyeColor.mca$rs,HairEyeColor.mca$cs)
```

この出力結果が図 11.3 のようになります。

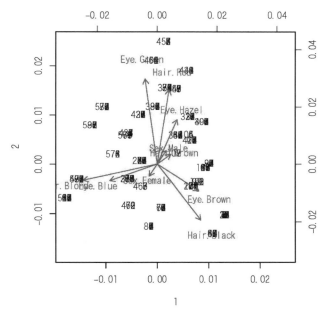

図 11.3　多重対応分析のバイプロット

このプロットは主成分分析のバイプロットと同様に、変数とケースの情報を表示し、変数については固有ベクトルの矢印を表示しています。矢印を描画しないためには、`var.axes = FALSE` オプションを指定します。

```
> biplot(HairEyeColor.mca$rs,HairEyeColor.mca$cs,
+        var.axes = FALSE)
```

この出力結果が図11.4のようになります。

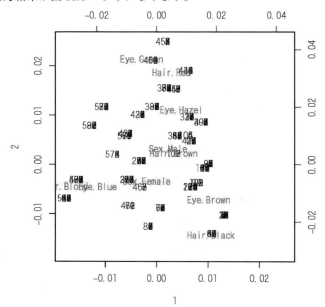

図11.4　多重対応分析のバイプロット（矢印を表示しない）

また、変数だけを表示したい場合には、ケースの色を白にすることで可能です。

```
> biplot(HairEyeColor.mca$rs,HairEyeColor.mca$cs,
+        col=c(0,2),var.axes = FALSE)
```

この出力結果が図11.5のようになります。

11.2 多重対応分析

図 11.5 から対応分析のバイプロットと同様に、髪の色と目の色に関して関連の強いものが近くにあり、目が Green は髪が Red が多く、目が Blue は髪が Blond、目が Brown は髪が Black が多いのがわかりますが、さらに、性別との関連も見てとれます。男性（Sex.Male）と女性（Sex.Female）は近いので、大きく違うわけではないですが、男性の目に Hazel が、女性の目には Blue や Brown が多いことがわかります。

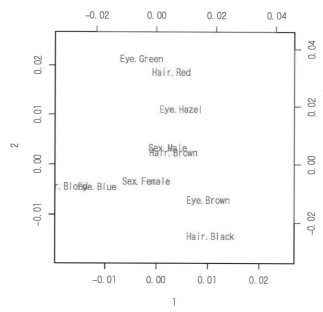

図 11.5　多重対応分析のバイプロット（変数のみ表示）

第12章 アソシエーションルール分析

データマイニングにおける代表的な分析が、同時購買のパターンを抽出する**マーケットバスケット分析**であり、その解析手法が**アソシエーションルール分析**です。大量の購買履歴（トランザクション）の中から、有益な購買パターンを見つけるために用いられる方法で、「週末には、ビールとおむつが一緒に購入される」というデータマイニングにおいて有名な事例が見つかったとされるものです。

12.1 アソシエーションルールとその評価指標

「商品 A を購入した客は商品 B も購入している割合が高い」というようなルールをアソシエーションルールといい、「$A \Rightarrow B$」で表します。このルールのよさを評価する指標として**支持度**（Support）、**確信度**（Confidence）、**リフト**（Lift）があります。トランザクションとは、個々の客の1回の買い物のことで、ある日のトランザクション数とはその日にレジで会計した客の延べ数、つまりレシートが発行された枚数を表します。アソシエーションルールの評価指標を定義する前に、記号を導入します。

分析対象の期間における全トランザクションを Ω で表し、商品 A の購入を含むトランザクションの総数を $n(A)$、全トランザクション数を $n(\Omega)$ で表します。このとき、商品 A の支持度は

$$\mathrm{Supp}(A) = \frac{n(A)}{n(\Omega)} = P(A) \tag{12.1}$$

で定義されます。これは、商品 A が購入されているトランザクションの割合

であり、A が買われた確率（$P(A)$）と考えることができます。

商品 A と商品 B を同時購入しているトランザクションの割合である $\{$ 商品 $A,$ 商品 $B\}$ の支持度は

$$\mathrm{Supp}(\{A,B\}) = \frac{n(A\cap B)}{n(\Omega)} = P(A\cap B) \tag{12.2}$$

で定義されます。

商品 A を購入した客が商品 B も購入している、というアソシエーションルール $A \Rightarrow B$ について、ルール左側の商品群（ここでは商品 A）を「条件部」、ルール右側の商品群（ここでは商品 B）を「結論部」と呼びます。商品 A の支持度は、アソシエーションルール $A \Rightarrow B$ において、**条件部の支持度**と呼ばれます。

ルール $A \Rightarrow B$ の支持度は

$$\mathrm{Supp}(A \Rightarrow B) = \frac{n(A\cap B)}{n(\Omega)} \tag{12.3}$$

で定義されます。これは $\mathrm{Supp}(B \Rightarrow A)$ や $\mathrm{Supp}(\{A, B\})$ と同じ値となり、商品 A と商品 B を同時購入しているトランザクションの割合です。この値が高いルールは売上への影響が大きいルールであるため、重要な指標となります。

ルール $A \Rightarrow B$ の確信度は

$$\mathrm{Conf}(A \Rightarrow B) = \frac{\mathrm{Supp}(A \Rightarrow B)}{\mathrm{Supp}(A)} = P(B\mid A) \tag{12.4}$$

で定義されます。これは、商品 A を購入しているトランザクションの中で商品 B も購入したものの割合です。これは商品 A を購入しているという条件付きでの、商品 B を購入している条件付き確率ともいえます。この値が高いのは、同時購入した割合が高い組み合わせという解釈ができます。

ルール $A \Rightarrow B$ のリフトは

$$\mathrm{Lift}(A \Rightarrow B) = \frac{\mathrm{Conf}(A \Rightarrow B)}{\mathrm{Supp}(B)} = \frac{P(B\mid A)}{P(B)} \tag{12.5}$$

であり、単純に商品 B を購入する割合よりも商品 A を購入した中で商品 B も

購入した割合の方が高いとき、この値は1を超えるため、リフトが1を超えたものが意味のあるルールと考えることができます。

12.2 アソシエーションルール分析の実例

サンプルデータを用いて、Rでのアソシエーションルール分析を紹介します。アソシエーションルール分析は、**arules**パッケージを用いるので、インストールし読み込みましょう。

```
> install.packages("arules")
> library(arules)
```

arulesパッケージのサンプルデータであるGroceriesデータ（食料品店における購買のトランザクションデータ）を読み込み、summary()関数でデータの要約をしてみましょう。

```
> data("Groceries")
> summary(Groceries)
transactions as itemMatrix in sparse format with
 9835 rows (elements/itemsets/transactions) and
 169 columns (items) and a density of 0.02609146

most frequent items:
      whole milk other vegetables       rolls/buns             soda
            2513             1903             1809             1715
          yogurt          (Other)
            1372            34055

element (itemset/transaction) length distribution:
sizes
   1    2    3    4    5    6    7    8    9   10   11   12   13   14
2159 1643 1299 1005  855  645  545  438  350  246  182  117   78   77
  15   16   17   18   19   20   21   22   23   24   26   27   28   29
  55   46   29   14   14    9   11    4    6    1    1    1    1    3
  32
   1

   Min. 1st Qu.  Median    Mean 3rd Qu.    Max.
  1.000   2.000   3.000   4.409   6.000  32.000
```

```
includes extended item information - examples:
       labels  level2         level1
1  frankfurter sausage meet and sausage
2      sausage sausage meet and sausage
3   liver loaf sausage meet and sausage
```

このデータは、summary()関数の結果からも見てとれるとおりトランザクションデータでitemMatrix形式の、9835トランザクション、169アイテム（商品）についての購買があります。各アイテムの購買回数については、most frequent items：の下に頻度の高いアイテムの購入回数が示されており、whole milkが最多の2513回であることなどが確認できます。アイテムの購買頻度はitemFrequencyPlot()関数で棒グラフに示すことができます。

```
> itemFrequencyPlot(Groceries)
```

しかしながら、このデータはアイテム数が169と大きいので、次のように一部のアイテムに絞って表示したり、topN引数を用いて頻度の高いNアイテムだけ示すこともできます。horiz=Tを指定することで、横棒の形式で表示できます。

```
> itemFrequencyPlot(Groceries[,1:30], col="lightblue",horiz=T)
> itemFrequencyPlot(Groceries, col="lightblue",horiz=T,
+     topN=15,main="サポート上位15アイテム")
```

下のコマンドで表示されたグラフが図12.1です。

アソシエーションルールは、トランザクションデータに対して **arules** パッケージのapriori()関数を用いて求めることができます。

```
> apriori(Groceries)
 minlen maxlen target   ext
      1     10  rules FALSE

Algorithmic control:
 filter tree heap memopt load sort verbose
    0.1 TRUE TRUE  FALSE TRUE    2    TRUE

apriori - find association rules with the apriori algorithm
```

12.2 アソシエーションルール分析の実例

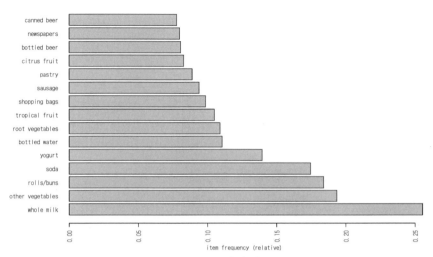

図 12.1 アイテム頻度プロット

```
version 4.21 (2004.05.09)        (c) 1996-2004   Christian Borgelt
set item appearances ...[0 item(s)] done [0.00s].
set transactions ...[169 item(s), 9835 transaction(s)] done [0.02s].
sorting and recoding items ... [8 item(s)] done [0.00s].
creating transaction tree ... done [0.00s].
checking subsets of size 1 2 done [0.00s].
writing ... [0 rule(s)] done [0.00s].
creating S4 object  ... done [0.00s].
set of 0 rules
```

apriori()関数のデフォルトは、最小支持度（support=0.1）、最小確信度（confidence=0.8）、最大ルール内アイテム数（maxlen=10）です。この分析では、デフォルトの設定（支持度が 0.1 以上、信頼度が 0.8 以上）のルールはなく、ルールが見つからなかった（set of 0 rules）ことがわかります。そこで、最小支持度を 0.001、最小信頼度を 0.5 に設定し直し、再度アソシエーション分析を行い、その結果を Groceries.ar1 に代入します。

```
> Groceries.ar1 <- apriori(Groceries,
+       parameter=list(support=0.001, confidence=0.5))
> Groceries.ar1
set of 5668 rules
```

今度は、5668 のルールが抽出されました。ルールを表示するには、inspect() 関数を利用します。

> **inspect(Groceries.ar1)**

これで、全てのルールが表示されますが、抽出されたルールが多すぎるので、ルールの一部を表示することにします。inspect() 関数の中で、sort() 関数を使って、アソシエーションルールのパラメータ（support, confidence, lift）の値によりソートして表示することもできます。

> **inspect(head(sort(Groceries.ar1, by ="lift"),8))**

出力結果は図 12.2 のようになります。

```
    lhs                        rhs                  support     confidence  lift
1   {Instant food products,
     soda}                  => {hamburger meat} 0.001220132  0.6315789 18.99565
2   {soda,
     popcorn}               => {salty snack}    0.001220132  0.6315789 16.69779
3   {flour,
     baking powder}         => {sugar}          0.001016777  0.5555556 16.40807
4   {ham,
     processed cheese}      => {white bread}    0.001931876  0.6333333 15.04549
5   {whole milk,
     Instant food products} => {hamburger meat} 0.001525165  0.5000000 15.03823
6   {other vegetables,
     curd,
     yogurt,
     whipped/sour cream}    => {cream cheese }  0.001016777  0.5882353 14.83409
7   {processed cheese,
     domestic eggs}         => {white bread}    0.001118454  0.5238095 12.44364
8   {tropical fruit,
     other vegetables,
     yogurt,
     white bread}           => {butter}         0.001016777  0.6666667 12.03058
```

図 12.2　inspect(head(sort(Groceries.ar1, by ="lift"),8)) の出力

この指定では、リフトの高い順に表示するようにした結果を、さらに head() 関数により上位 8 ルールのみ示しています。lhs（left hand side）

12.2 アソシエーションルール分析の実例

は条件部、rhs (right hand side) は結論部を意味しています。

多くのアソシエーションルールが出力されたとき、パラメータの指定が正しかったのか、再度検証するためにグラフを用いながら調べることができる **arulesViz** パッケージが利用できます。まず、パッケージをインストールして読み込みます。

```
> install.packages("arulesViz")
> library(arulesViz)
```

(arulesViz パッケージは、上記のように library コマンドで読み込むと挙動がおかしいことがあります。その場合には、RStudio では Packages タブでインストールされているパッケージが見えるので、arulesViz パッケージをチェックすることで読み込んでください。)

アソシエーションルールが格納された変数（Groceries.ar1）に対して、plot() 関数を適用すると、支持度と信頼度の散布図が得られ、リフトの高さが点の濃淡で示されます（図12.3）。

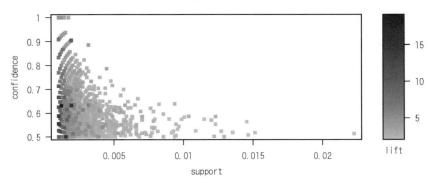

図12.3　ルールの可視化例

このほかの表示方法は、measure 引数に散布図の x, y 座標を割り当てるベクトルのパラメータ、shading 引数に点の濃淡を割り当てるパラメータを指定することで得られます。shading 引数に order を指定することで、ルールの長さを濃淡に割り当てることができます。

```
> plot(Groceries.ar1, measure=c("support","confidence"),
+      shading="lift")
> plot(Groceries.ar1, shading="order",
+      control=list(main = "Two-key plot"))
```

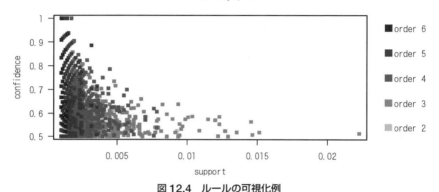

図 12.4　ルールの可視化例

2番目のコマンドにより得られた図 12.4 から、ルール長が長いものはサポートが低いことがわかります。

信頼度が1に近いルールがかなりあるので、信頼度が 0.8 以上のルールに注目してみます。subset() 関数で一部のルールのみを取り出すことができます。

```
> Groceries.ar1sr <- subset(Groceries.ar1,
+                          subset = confidence > 0.8)
> Groceries.ar1sr
set of 371 rules
```

371 のアソシエーションルールが選ばれました。

この 371 のアソシエーションルールについて、1つの指標もしくは2つの指標の値の大きさについて把握するための可視化が可能です。

```
> plot(Groceries.ar1sr, method="matrix", measure="lift")
> plot(Groceries.ar1sr, method="matrix",
+      measure=c("lift", "confidence"))
```

2番目のコマンドの結果が図12.5です。抽出された371のルールの順に、ルール全体の長さに対して、liftとconfidenceの値に対応する色でルールを示しています。色は図12.5の右上に示されています。

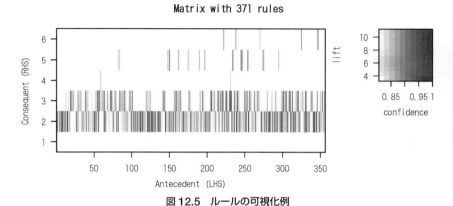

図12.5 ルールの可視化例

また、結論部の1つのアイテムに向けた条件部のアイテムの関連を、平行座標プロットを用いて可視化することもできます。

> plot(Groceries.ar1sr, method="paracoord")

このグラフが図12.6です。ルールを矢印でつないで示して最後が結論部の項目になっています。線の太さはサポートが高いとき太く、線の濃さは黒いほどリフトが高いことを示しています。このグラフから、結論部はいくつか限られたもので構成されていることがわかります。

第12章 アソシエーションルール分析

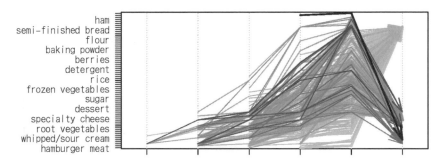

図 12.6 ルールの可視化例

3Dプロットを用いた可視化も以下のように指定することで描画できます（図 12.7、図 12.8）。

```
> plot(Groceries.arlsr, method="matrix3D", measure="lift")
> plot(Groceries.arlsr, method="matrix3D", measure="lift",
+       control=list(reorder=TRUE))
```

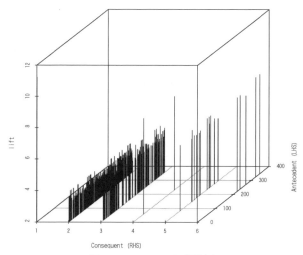

図 12.7 ルールの可視化例

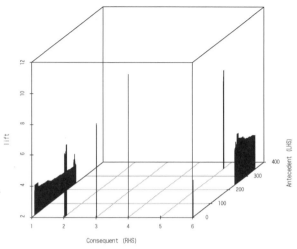

図12.8 ルールの可視化例

　method引数に "grouped" を指定することで、グループ化してまとめて表示することが可能です（図12.9）。複数の前提条件に対して k-means法によるクラスタリングを行った結果をまとめ、結論部との関係を示します。

　図12.9より、多くのルールがroot vegetablesを条件部に持ち、そのうち218ルールがwhole milkを結論部としていることがわかります。右上に示されているように、円のサイズはサポートを、色の濃さはリフトを示しています。左上の大きな円については、liquor+1項目⇒bottle beerという最もサポートの大きい1つのルールを示していることがわかります。

```
> plot(Groceries.arlsr, method="grouped", control=list(k=10))
```

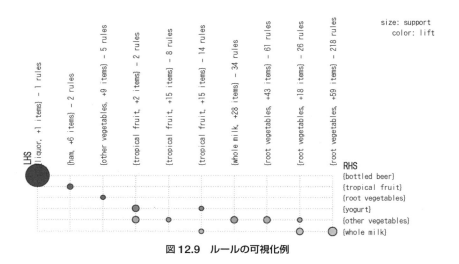

図 12.9　ルールの可視化例

12.3 アソシエーションルール分析の応用例

次に、タイタニック号の分析をアソシエーションルールを用いて行います。この応用例は、アソシエーションルール分析がアンケートデータの解析などにも用いることができる例としても考えています。

```
> data(Titanic)
> library(epitools)
> Titanic.df <- expand.table(Titanic)
> Titanic.tr <- as(Titanic.df,"transactions")
```

Titanicデータはクロス集計の結果であるため、第7章と同様にexpand.table()関数を用いてデータフレームに変換します。アソシエーションルール分析を行う際にはさらにas()関数を用いてtransactions型もしくはitemMatrix型に変更する必要があります。

```
> head(Titanic.df)
  Class  Sex   Age Survived
1   1st Male Child      Yes
```

```
2  1st  Male  Child    Yes
3  1st  Male  Child    Yes
4  1st  Male  Child    Yes
5  1st  Male  Child    Yes
6  1st  Male  Adult    No
```

transactions型では、トランザクションは1行に表されるため、表12.1のように変換されています。

表12.1 transactions型のトランザクション

TID	アイテム集合
1	{Class=1st, Sex=Male, Age=Child, Survived=Yes}
2	{Class=1st, Sex=Male, Age=Child, Survived=Yes}
3	{Class=1st, Sex=Male, Age=Child, Survived=Yes}
4	{Class=1st, Sex=Male, Age=Child, Survived=Yes}
5	{Class=1st, Sex=Male, Age=Child, Survived=Yes}
6	{Class=1st, Sex=Male, Age=Adult, Survived=No}

```
> Titanic.im <- as(Titanic.tr,"itemMatrix")
```

さらに、上のコマンドのようにitemMatrix型に変換した場合には、各属性値の変数について当てはまるところが1で、そうでない列は0であるような行列形式で、表12.2のような形式に変換されます。

表12.2 各属性値の変数

TID	C=1	C=2	C=3	C=C	S=F	S=M	A=A	A=C	Sv=N	Sv=Y
1	1	0	0	0	0	1	0	1	0	1
2	1	0	0	0	0	1	0	1	0	1
3	1	0	0	0	0	1	0	1	0	1
4	1	0	0	0	0	1	0	1	0	1
5	1	0	0	0	0	1	0	1	0	1
6	1	0	0	0	0	1	0	1	1	0

表12.2では、簡単のためにC=1など簡略して表していますが、順にClass=1st、Class=2nd、Class=3rd、Class=Crew、Sex=Female、Sex=Male、Age=Adult、Age=Child、Survived=No、Survived=Yesを表しています。

さらに、レシートデータのように、トランザクション ID が複数にわたることで同時購買を記録しているような CSV ファイルについては、read.transactions() 関数を用いることで、

```
tr1 <- read.transactions(file="ファイル名",format="single",
                         cols=c(TIDcol,ITEMcol),sep=",")
```

のように cols 引数に TIDcol（トランザクション ID のある列番号）と ITEMcol（アソシエーションルールを作るアイテム名がある列番号）を指定することで、直接トランザクションデータとして読み込むことが可能です。

トランザクションデータ Titanic.tr に対して、apriori() 関数を適用することで、アソシエーションルールが得られます。

```
> Titanic.ar <- apriori(Titanic.tr)
> Titanic.ar
set of 27 rules
```

デフォルトの指定でも 27 のルールが抽出されました。

```
> inspect(head(sort(Titanic.ar, by ="lift"),5))
```

出力結果は図 12.10 のようになります。

```
   lhs              rhs              support confidence     lift
1 {Class=Crew,
   Survived=No} => {Sex=Male}      0.3044071  0.9955423 1.265851
2 {Class=Crew,
   Age=Adult,
   Survived=No} => {Sex=Male}      0.3044071  0.9955423 1.265851
3 {Class=Crew}  => {Sex=Male}      0.3916402  0.9740113 1.238474
4 {Class=Crew,
   Age=Adult}   => {Sex=Male}      0.3916402  0.9740113 1.238474
5 {Class=3rd,
   Sex=Male,
   Age=Adult}   => {Survived=No}   0.1758292  0.8376623 1.237379
```

図 12.10　inspect(head(sort(Titanic.ar, by ="lift"),5)) の出力

リフトの上位 5 のアソシエーションルールを確認すると、一番リフトの高い

12.3 アソシエーションルール分析の応用例

ルールが2つあります。

「乗組員 & 死亡 ⇒ 男性」と「乗組員 & 大人 & 死亡 ⇒ 男性」

であり、似たルールでした。

ここでは、生存できたかどうかについて関心があるとし、結論部にSurvived=No または Survived=Yes が含まれたルールに注目したいとしましょう。

```
> inspect(subset(Titanic.ar,
+   subset= rhs %in% "Survived=Yes"|rhs %in% "Survived=No"))
  lhs              rhs              support   confidence   lift
1 {Class=3rd,
   Sex=Male}    => {Survived=No}  0.1917310 0.8274510 1.222295
2 {Class=3rd,
   Sex=Male,
   Age=Adult}   => {Survived=No}  0.1758292 0.8376623 1.237379
```

「3等 & 男性 ⇒ 死亡」と「3等 & 男性 & 大人 ⇒ 死亡」の2つだけがルールとして出現していることがわかります。デフォルトの指定では、ルール数が少なかったため、支持度と確信度を低く設定し直して、結論部にSurvived=No または Survived=Yes が含まれるアソシエーションルールだけを抽出するように設定しアソシエーションルールの再抽出を行います。

```
> Titanic.ar2 <- apriori(Titanic.tr,
+   parameter=list(support=0.005,confidence=0.8,minlen=2),
+   appearance = list(rhs=c("Survived=No", "Survived=Yes"),
+   default="lhs"), control = list(verbose=F))
> Titanic.ar2
set of 12 rules
```

12のルールが抽出されましたので、その内容を把握するために、似たルールをまとめて要約するグラフを描いてみます。

```
> plot(Titanic.ar2,method="grouped",control=list(k=6))
```

第12章 アソシエーションルール分析

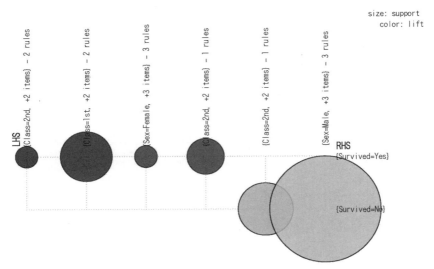

図12.11　生存か死亡かが結論部のアソシエーションルールの要約プロット

図12.11から、生存となった（Survived=Yes）8ルールについては、1等および他の要因が2つ、女性および他の要因が3つ、2等および他の要因が計3つ（左端と右端）のルールとなっていることがわかり、1等のルールの円が大きいことから1等船室の客がかなり助かったことが読み取れます。死亡となった（Survived=No）ルールは4つで、3等船室が2つのルールがあり円が大きいので、3等船室の客は大半がなくなったことがわかり、残りの2つのルールは2等および他の要因だったため、2等船室は他の要因により生死が分かれたことがわかります。

この詳細を確認するために、平行座標プロットでルールの可視化を用います。

```
> plot(Titanic.ar2, method="paracoord")
```

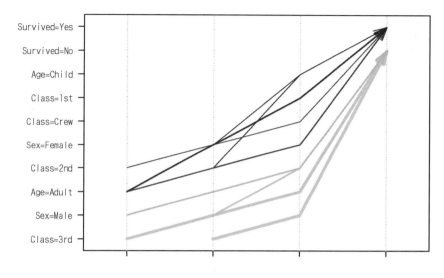

図 12.12 生存か死亡かが結論部のアソシエーションルールの要約プロット

図 12.12 より、ルールの詳細がわかります。下のグレーの矢印のルールは死亡につながった要因で、3 等船室と男性は死亡の割合が高く、女性および子供は生存の割合が高いことがわかります。死亡したルールより生存したルールの方がリフトが高く（線が黒い）、少人数のここに現れた条件を消した者だけが多く助かったことがわかります。このようにアソシエーションルール分析を用いることにより、クロス集計の可視化が可能になります。

アソシエーションルールは、データフレームに変換すると CSV 形式で保存することもできるので、ルール抽出後に Excel などで作業したい場合には、以下のように CSV 形式で保存するとよいでしょう。

```
> write.csv(as(Titanic.ar2,"data.frame"),"TitanicAr2.csv")
```

このファイルを Excel で開いた様子が図 12.13 になります。

第 12 章　アソシエーションルール分析

	A	B	C	D	E
1		rules	support	confidence	lift
2	1	{Class=2nd,Age=Child} => {Survived=Yes}	0.011	1.000	3.096
3	2	{Class=2nd,Sex=Female} => {Survived=Yes}	0.042	0.877	2.716
4	3	{Class=2nd,Sex=Male} => {Survived=No}	0.070	0.860	1.271
5	4	{Class=1st,Sex=Female} => {Survived=Yes}	0.064	0.972	3.010
6	5	{Class=Crew,Sex=Female} => {Survived=Yes}	0.009	0.870	2.692
7	6	{Class=3rd,Sex=Male} => {Survived=No}	0.192	0.827	1.222
8	7	{Class=2nd,Sex=Female,Age=Child} => {Survived=Yes}	0.006	1.000	3.096
9	8	{Class=2nd,Sex=Female,Age=Adult} => {Survived=Yes}	0.036	0.860	2.663
10	9	{Class=2nd,Sex=Male,Age=Adult} => {Survived=No}	0.070	0.917	1.354
11	10	{Class=1st,Sex=Female,Age=Adult} => {Survived=Yes}	0.064	0.972	3.010
12	11	{Class=Crew,Sex=Female,Age=Adult} => {Survived=Yes}	0.009	0.870	2.692
13	12	{Class=3rd,Sex=Male,Age=Adult} => {Survived=No}	0.176	0.838	1.237

図 12.13　CSV 形式で保存したアソシエーションルールを Excel で表示

第III部
データマイニングの実践例

第13章　複数の手法による予測の評価
第14章　株価データを用いた総合指標の作成
第15章　SNSデータの分析

第13章
複数の手法による予測の評価

　本章では、第II部で紹介した予測のための手法を用いて予測の精度を比較してみます。まず、カテゴリー予測である判別について、ロジスティック回帰分析、決定木分析（分類木）、サポートベクターマシンの比較を行います。次に、数値予測について、重回帰分析、決定木分析、サポートベクターマシンについて比較します。

13.1 予測手法の評価について

　予測の精度を評価する場合には、予測に用いたデータで当てはまりを評価すると、そのデータはうまく予測できているが他のデータの予測には使えない、過学習のモデルがよいという判断につながります。そのため、データを2つに分けて、一方を**学習データ**（training）モデルの推定に用い、残りの**テストデータ**（test）における当てはまりのよさ（適合度指標）により比較することにします。Rでは、モデルの予測値はpredict()関数を用いますが、手法によりデータの指定の仕方などが異なるので注意が必要です。

　予測モデルの予測精度をしっかり評価するためには、この学習データとテストデータのほかに評価データ（validation）を用い、テストデータによる適合度指標によりモデルの変数選択やパラメータの推定を行い、評価データでパラメータの精度や適合度指標の精度について考慮する方法もあります。本書ではそこまで扱うのは入門の範囲を超えていると考えるため扱いません。

13.2 判別の手法によるカテゴリー予測の比較

ここでは2値のカテゴリーの予測として、第4章などでも解析しているスパムメールの判別について、ロジスティック回帰分析、決定木分析、サポートベクターマシンを適用して予測精度などについて比較を行います。判別の予測の評価は、すでに紹介しているように誤判別率で行います。

まず、データを読み込みます。

```
> spambase <- read.csv("spambase.data", header=F)
> colnames(spambase) <- read.table("spambase.names", skip=33,
+                                  sep=":", comment.char = "")[,1]
> colnames(spambase)[ncol(spambase)] <- "spam"
> spambase$spam<-as.factor(spambase$spam)
```

次に、データ数を確認して、ほぼ半数の 2500 の観測値を学習データ (spambase.train) に、残りを予測精度評価のためのテストデータ (spambase.test) とします。

```
> dim(spambase)
[1] 4601   58
> set.seed(1234)
> samp<-sample(4601,2500)
> spambase.train<-spambase[samp,]
> spambase.test<-spambase[-samp,]
```

13.2.1 ロジスティック回帰分析

学習データに対して、ロジスティック回帰分析を行い、その誤判別率を求めます。

```
> spambase.glm <- glm(spam~., data=spambase.train,
+                     family="binomial")
Warning message:
 glm.fit: 数値的に 0 か 1 である確率が生じました
> spambase.glm.pre <- round(predict(spambase.glm, type="resp"),0)
> (spambase.glm.tb <-table(spam=spambase.train$spam,
+ pred=round(spambase.glm.pre,0)))
    pred
spam    0    1
```

```
    0 1429   72
    1   92  907
> 1-sum(diag(spambase.glm.tb)/sum(spambase.glm.tb))
[1] 0.0656
```

次に、求めたモデルを使って、テストデータに対する予測値を求め、その値が0に近いか1に近いかにより予測が当たっているか判定し、誤判別率を求めます。

```
> spambase.glm.testpre <-
+    round(predict(spambase.glm, spambase.test, type="resp"),0)
> (spambase.glm.test.tb <-
+   table(spam=spambase.test$spam,
+         pred=round(spambase.glm.testpre,0)))
    pred
spam    0    1
   0 1232   55
   1   97  717
> 1-sum(diag(spambase.glm.test.tb)/sum(spambase.glm.test.tb))
[1] 0.0723465
```

この結果、ロジスティック回帰分析でフルモデルを用いた場合の誤判別率は7.2%であることがわかります。モデルの理解のために、解析結果の概要を確認しておきましょう。

```
> summary(spambase.glm)

Call:
glm(formula = spam ~ ., family = "binomial", data = spambase.train)

Deviance Residuals:
    Min       1Q   Median       3Q      Max
-4.6590  -0.1476   0.0000   0.0794   4.7445

Coefficients:
                     Estimate Std. Error z value Pr(>|z|)
(Intercept)        -1.802e+00  2.079e-01  -8.668  < 2e-16 ***
word_freq_make     -4.280e-01  3.425e-01  -1.250 0.211458
word_freq_address  -1.654e-01  1.133e-01  -1.460 0.144345
word_freq_all       4.346e-02  1.694e-01   0.257 0.797553
word_freq_3d        3.371e+00  2.853e+00   1.182 0.237271
word_freq_our       6.184e-01  1.492e-01   4.144 3.41e-05 ***
```

```
word_freq_over            4.834e-01  2.768e-01   1.747 0.080695 .
word_freq_remove          3.306e+00  6.237e-01   5.301 1.15e-07 ***
word_freq_internet        3.699e-01  2.059e-01   1.797 0.072407 .
word_freq_order           1.278e+00  4.925e-01   2.595 0.009457 **
word_freq_mail            2.553e-01  1.158e-01   2.206 0.027419 *
word_freq_receive        -4.766e-01  4.215e-01  -1.131 0.258177
word_freq_will           -1.490e-01  1.052e-01  -1.417 0.156541
word_freq_people         -5.645e-01  3.854e-01  -1.465 0.142935
word_freq_report          9.162e-02  1.613e-01   0.568 0.569951
word_freq_addresses       4.081e+00  1.780e+00   2.293 0.021862 *
word_freq_free            9.632e-01  2.050e-01   4.699 2.62e-06 ***
word_freq_business        1.326e+00  3.426e-01   3.870 0.000109 ***
word_freq_email          -3.651e-02  1.500e-01  -0.243 0.807756
word_freq_you             6.619e-02  5.160e-02   1.283 0.199601
word_freq_credit          2.358e+00  1.227e+00   1.921 0.054673 .
word_freq_your            2.913e-01  7.139e-02   4.080 4.50e-05 ***
word_freq_font            1.276e-01  2.398e-01   0.532 0.594753
word_freq_000             1.988e+00  5.313e-01   3.742 0.000183 ***
word_freq_money           2.353e-01  1.230e-01   1.914 0.055671 .
word_freq_hp             -2.346e+00  5.444e-01  -4.310 1.63e-05 ***
word_freq_hpl            -1.949e+00  8.881e-01  -2.194 0.028230 *
word_freq_george         -2.283e+01  4.322e+00  -5.281 1.29e-07 ***
word_freq_650             1.399e-02  3.685e-01   0.038 0.969708
word_freq_lab            -1.671e+00  1.579e+00  -1.059 0.289805
word_freq_labs           -2.354e+00  3.815e+00  -0.617 0.537293
word_freq_telnet         -9.956e+01  9.153e+03  -0.011 0.991322
word_freq_857             1.010e+00  4.398e+00   0.230 0.818456
word_freq_data           -5.860e-01  3.831e-01  -1.530 0.126084
word_freq_415            -1.174e+01  6.138e+00  -1.913 0.055762 .
word_freq_85             -1.371e+00  1.379e+00  -0.995 0.319887
word_freq_technology      1.041e+00  4.121e-01   2.526 0.011525 *
word_freq_1999           -1.157e-01  2.468e-01  -0.469 0.639135
word_freq_parts           4.801e-02  2.020e+00   0.024 0.981035
word_freq_pm             -9.816e-01  5.578e-01  -1.760 0.078437 .
word_freq_direct         -3.739e-01  5.461e-01  -0.685 0.493555
word_freq_cs             -3.684e+02  2.268e+04  -0.016 0.987040
word_freq_meeting        -1.911e+00  7.707e-01  -2.480 0.013131 *
word_freq_original       -9.189e-01  9.691e-01  -0.948 0.343004
word_freq_project        -1.145e+00  8.871e-01  -1.291 0.196694
word_freq_re             -8.644e-01  2.202e-01  -3.926 8.64e-05 ***
word_freq_edu            -1.787e+00  4.296e-01  -4.160 3.18e-05 ***
word_freq_table          -4.391e+00  3.413e+00  -1.287 0.198235
word_freq_conference     -2.684e+00  1.916e+00  -1.401 0.161162
`char_freq_;`            -1.370e+00  6.692e-01  -2.047 0.040633 *
`char_freq_(`            -9.577e-02  3.452e-01  -0.277 0.781438
`char_freq_[`            -3.467e-01  1.012e+00  -0.343 0.731922
`char_freq_!`             8.790e-01  1.816e-01   4.841 1.29e-06 ***
```

```
`char_freq_$`               5.927e+00  9.973e-01   5.943 2.80e-09 ***
`char_freq_#`               2.859e+00  1.981e+00   1.444 0.148837
capital_run_length_average  8.379e-02  3.483e-02   2.406 0.016144 *
capital_run_length_longest  8.079e-03  3.468e-03   2.329 0.019833 *
capital_run_length_total    4.958e-04  2.659e-04   1.865 0.062222 .
---
Signif. codes:  0 '***' 0.001 '**' 0.01 '*' 0.05 '.' 0.1 ' ' 1

(Dispersion parameter for binomial family taken to be 1)

    Null deviance: 3364.25  on 2499  degrees of freedom
Residual deviance:  900.11  on 2442  degrees of freedom
AIC: 1016.1

Number of Fisher Scoring iterations: 23
```

フルモデルのため、モデルに貢献していない（回帰係数が有意でない * が付いていない）変数が見られます。変数選択により倹約されたモデルを求めます。

```
> library("MASS")
> spambase.glmstep <- stepAIC(spambase.glm, direction=c("both"))
> summary(spambase.glmstep)

Call:
glm(formula = spam ~ word_freq_make + word_freq_address +
    word_freq_3d + word_freq_our + word_freq_over + word_freq_remove +
    word_freq_internet + word_freq_order + word_freq_mail +
    word_freq_will + word_freq_addresses + word_freq_free +
    word_freq_business + word_freq_credit + word_freq_your +
    word_freq_000 + word_freq_money + word_freq_hp + word_freq_hpl +
    word_freq_george + word_freq_telnet + word_freq_data +
    word_freq_technology + word_freq_pm + word_freq_cs +
    word_freq_meeting + word_freq_project + word_freq_re +
    word_freq_edu + word_freq_table + word_freq_conference +
    `char_freq_;` + `char_freq_!` + `char_freq_$` + `char_freq_#` +
    capital_run_length_average + capital_run_length_longest +
    capital_run_length_total, family = "binomial",
    data = spambase.train)

Deviance Residuals:
    Min       1Q   Median       3Q      Max
-4.6240  -0.1579   0.0000   0.0814   4.8234

Coefficients:
```

```
                          Estimate Std. Error z value Pr(>|z|)
(Intercept)              -1.772e+00  1.717e-01 -10.321  < 2e-16 ***
word_freq_make           -6.110e-01  3.172e-01  -1.927 0.054036 .
word_freq_address        -1.606e-01  1.081e-01  -1.485 0.137430
word_freq_3d              3.618e+00  2.915e+00   1.241 0.214584
word_freq_our             6.237e-01  1.450e-01   4.301 1.70e-05 ***
word_freq_over            4.615e-01  2.711e-01   1.702 0.088682 .
word_freq_remove          3.303e+00  6.101e-01   5.414 6.17e-08 ***
word_freq_internet        3.199e-01  1.935e-01   1.653 0.098251 .
word_freq_order           1.226e+00  4.741e-01   2.587 0.009689 **
word_freq_mail            2.537e-01  1.130e-01   2.246 0.024712 *
word_freq_will           -1.605e-01  1.034e-01  -1.552 0.120599
word_freq_addresses       3.269e+00  1.663e+00   1.966 0.049335 *
word_freq_free            9.768e-01  2.041e-01   4.786 1.71e-06 ***
word_freq_business        1.272e+00  3.255e-01   3.909 9.27e-05 ***
word_freq_credit          2.626e+00  1.213e+00   2.164 0.030461 *
word_freq_your            3.019e-01  6.722e-02   4.491 7.08e-06 ***
word_freq_000             1.926e+00  5.144e-01   3.744 0.000181 ***
word_freq_money           2.731e-01  1.175e-01   2.325 0.020084 *
word_freq_hp             -2.477e+00  5.275e-01  -4.695 2.67e-06 ***
word_freq_hpl            -1.932e+00  8.431e-01  -2.291 0.021950 *
word_freq_george         -2.205e+00  4.164e+00  -5.296 1.18e-07 ***
word_freq_telnet         -9.932e+01  9.653e+03  -0.010 0.991790
word_freq_data           -6.192e-01  3.816e-01  -1.623 0.104642
word_freq_technology      1.038e+00  4.006e-01   2.590 0.009605 **
word_freq_pm             -1.130e+00  5.691e-01  -1.986 0.047020 *
word_freq_cs             -3.688e+02  2.319e+04  -0.016 0.987310
word_freq_meeting        -1.937e+00  7.785e-01  -2.488 0.012831 *
word_freq_project        -1.220e+00  9.336e-01  -1.307 0.191268
word_freq_re             -7.870e-01  2.095e-01  -3.757 0.000172 ***
word_freq_edu            -1.829e+00  4.407e-01  -4.149 3.34e-05 ***
word_freq_table          -5.096e+00  3.410e+00  -1.494 0.135065
word_freq_conference     -2.989e+00  2.049e+00  -1.459 0.144614
`char_freq_;`            -1.098e+00  4.913e-01  -2.234 0.025465 *
`char_freq_!`             9.139e-01  1.793e-01   5.098 3.43e-07 ***
`char_freq_$`             5.755e+00  9.755e-01   5.899 3.65e-09 ***
`char_freq_#`             3.073e+00  1.414e+00   2.173 0.029801 *
capital_run_length_average 8.256e-02 3.367e-02   2.452 0.014215 *
capital_run_length_longest 7.385e-03 3.370e-03   2.191 0.028425 *
capital_run_length_total  4.827e-04  2.630e-04   1.835 0.066442 .
---
Signif. codes:  0 '***' 0.001 '**' 0.01 '*' 0.05 '.' 0.1 ' ' 1

(Dispersion parameter for binomial family taken to be 1)

    Null deviance: 3364.25  on 2499  degrees of freedom
Residual deviance:  913.95  on 2461  degrees of freedom
```

```
AIC: 991.95

Number of Fisher Scoring iterations: 23
```

少々説明変数が少なくなり、AICが減少したモデルが最終モデルとして得られました。フルモデルの場合と同様に、学習データの誤分類率とテストデータの誤分類率を求めましょう。

```
> spambase.glmstep.pre <- predict(spambase.glmstep, type="resp")
> (spambase.glmstep.tb <-table(spam=spambase.train$spam,
+                     pred=round(spambase.glmstep.pre,0)))
    pred
spam    0    1
   0 1434   67
   1   91  908
> 1-sum(diag(spambase.glmstep.tb)/sum(spambase.glmstep.tb))
[1] 0.0632
> spambase.glmstep.testpre <-
+  round(predict(spambase.glmstep, spambase.test, type="resp"),0)
> (spambase.glmstep.tb1 <-
+  table(spam=spambase.test$spam,
+        pred=round(spambase.glmstep.testpre,0)))
    pred
spam    0    1
   0 1231   56
   1  100  714
> 1-sum(diag(spambase.glmstep.tb1)/sum(spambase.glmstep.tb1))
[1] 0.07425036
```

変数選択後のモデルを用いた場合のテストデータに対する誤判別率は7.4%でした。ほぼ、誤分類率は同じですが、ややフルモデルの方が誤分類率が低い結果となりました。

■13.2.2　決定木分析

次に、決定木により予測モデルを構築し、予測してみましょう。

```
> library(rpart)
> library(partykit)
> spambase.rp <- rpart(spam~., data=spambase.train)
> print(spambase.rp,digit=2)
n= 2500
```

```
node), split, n, loss, yval, (yprob)
      * denotes terminal node

 1) root 2500 1000 0 (0.600 0.400)
   2) char_freq_!< 0.079 1453    230 0 (0.840 0.160)
     4) word_freq_remove< 0.02 1348    150 0 (0.890 0.110)
       8) char_freq_$< 0.091 1260     94 0 (0.925 0.075) *
       9) char_freq_$>=0.091 88     34 1 (0.386 0.614)
        18) word_freq_hp>=0.3 17      0 0 (1.000 0.000) *
        19) word_freq_hp< 0.3 71     17 1 (0.239 0.761) *
     5) word_freq_remove>=0.02 105     20 1 (0.190 0.810)
      10) word_freq_george>=0.08 11      0 0 (1.000 0.000) *
      11) word_freq_george< 0.08 94      9 1 (0.096 0.904) *
   3) char_freq_!>=0.079 1047    280 1 (0.268 0.732)
     6) capital_run_length_average< 2.9 470    220 0 (0.521 0.479)
      12) word_freq_free< 0.17 325    100 0 (0.683 0.317)
        24) word_freq_remove< 0.045 283     63 0 (0.777 0.223)
         48) word_freq_internet< 0.06 258     43 0 (0.833 0.167) *
         49) word_freq_internet>=0.06 25      5 1 (0.200 0.800) *
        25) word_freq_remove>=0.045 42      2 1 (0.048 0.952) *
      13) word_freq_free>=0.17 145     23 1 (0.159 0.841) *
     7) capital_run_length_average>=2.9 577     36 1 (0.062 0.938) *
> plot(as.party(spambase.rp))
```

得られた結果のツリーは図 13.1 のようになります。

予測値は、predict() 関数で type="class" を指定することで、0 か 1 かの予測値が出力されます。これを使って、誤分類率を求めましょう。

```
> spambase.rp.pre <- predict(spambase.rp,type="class")
> (spambase.rp.tb <-table(spam=spambase.train$spam,
+                         pred=spambase.rp.pre))
    pred
spam    0    1
   0 1409   92
   1  137  862
> 1-sum(diag(spambase.rp.tb)/sum(spambase.rp.tb))
[1] 0.0916
> spambase.rp.testpre <- predict(spambase.rp,
+                         spambase.test, type="class")
> (spambase.rp.test.tb <-
+     table(spam=spambase.test$spam,pred=spambase.rp.testpre))
    pred
spam    0    1
```

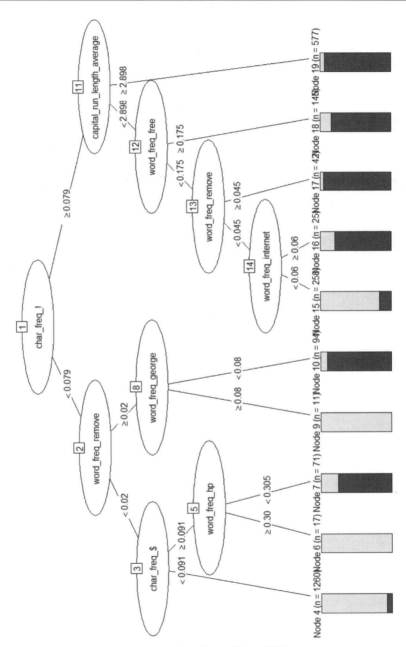

図 13.1　スパムデータに対する分類木

```
      0 1194   93
      1  125  689
> 1-sum(diag(spambase.rp.test.tb)/sum(spambase.rp.test.tb))
[1] 0.1037601
```

テストデータの誤分類率は10.4%でした。ロジスティック回帰分析の結果に比べると誤判別率が高く、予測としてはロジスティック回帰分析のモデルの方がよく当たっています。

13.2.3 サポートベクターマシン

最後に、サポートベクターマシンを使って予測を行います。

```
> library(kernlab)
> spambase.svm <- ksvm(spam~.,data=spambase.train)
> spambase.train.pre <- predict(spambase.svm,
+                     dplyr::select(spambase.train,-spam))
> (spambase.svm.traintb <-
+    table(spam=spambase.train$spam,pred=spambase.trainp))
    pred
spam    0    1
   0 1462   39
   1   73  926
> 1-sum(diag(spambase.svm.traintb)/sum(spambase.svm.traintb))
[1] 0.0448
> spambase.svm.test.pre <- predict(spambase.svm,
+                          dplyr::select(spambase.test,-spam))
> (spambase.svm.testtb <-
+    table(spam=spambase.test$spam,pred=spambase.svm.test.pre))
    pred
spam    0    1
   0 1234   53
   1  106  708
> 1-sum(diag(spambase.svm.testtb)/sum(spambase.svm.testtb))
[1] 0.07567825
```

テストデータに対する誤判別率は7.6%でした。学習データの誤判別率は4.5%とかなり当たっているので、サポートベクターマシンで設定可能なパラメータの調整により、もう少しテストデータの誤判別率を低くすることができると考えられます。

13.3 数値予測の手法による比較

次に、数値予測についても予測手法の比較をしてみましょう。数値予測の場合には、モデルによる予測値 $\hat{y}_i$ ($i=1, \cdots, n$) と実際の目的変数の値 y_i ($i=1, \cdots, n$) との差の絶対値の平均である、**平均絶対偏差**（Mean Squared Error：MSE）を用いて比較することができます。

$$\mathrm{MSE} = \sum_{i=1}^{n}(\hat{y}_i - y_i)^2 \tag{13.1}$$

本節では、MSE を比較します。

データは、diamonds データを用い、こちらも第 5 章などと同様に説明変数を限定します。

```
> library(ggplot2)
> data(diamonds)
> diamonds.data<-dplyr::select(diamonds,carat:clarity,price)
> dim(diamonds)
[1] 53940    10
```

データ数が 53940 件であるので、30000 件を学習データに、残りをテストデータとします。

13.3.1 重回帰分析

まず、重回帰モデルによるパラメータの推定を行います。

```
> set.seed(1234)
> samp2<-sample(53940,30000)
> diamonds.train<-diamonds.data[samp2,]
> diamonds.test <-diamonds.data[-samp2,]
> diamonds.train.lm <- lm(price~., data=diamonds.train)
> summary(diamonds.train.lm)

Call:
lm(formula = price ~ ., data = diamonds.train)

Residuals:
     Min       1Q   Median       3Q      Max
-16904.8   -685.3   -196.9    470.1  10385.2
```

```
Coefficients:
              Estimate Std. Error  t value Pr(>|t|)
(Intercept) -3669.5369    18.6922 -196.314  < 2e-16 ***
carat        8870.5526    16.1383  549.659  < 2e-16 ***
cut.L         662.2689    27.3075   24.252  < 2e-16 ***
cut.Q        -302.6680    24.0460  -12.587  < 2e-16 ***
cut.C         176.1659    20.9847    8.395  < 2e-16 ***
cut^4           1.3288    16.8147    0.079  0.93701
color.L     -1924.7340    23.7794  -80.941  < 2e-16 ***
color.Q      -628.9244    21.7120  -28.967  < 2e-16 ***
color.C      -174.1965    20.2150   -8.617  < 2e-16 ***
color^4        27.9213    18.5263    1.507  0.13179
color^5       -77.4000    17.5110   -4.420 9.90e-06 ***
color^6       -46.2481    16.0299   -2.885  0.00392 **
clarity.L    4149.8577    41.4194  100.191  < 2e-16 ***
clarity.Q   -1767.6618    38.7119  -45.662  < 2e-16 ***
clarity.C     884.0520    33.1523   26.666  < 2e-16 ***
clarity^4    -336.4577    26.5277  -12.683  < 2e-16 ***
clarity^5     208.1624    21.6611    9.610  < 2e-16 ***
clarity^6       0.9919    18.8563    0.053  0.95805
clarity^7      93.5812    16.6478    5.621 1.91e-08 ***
---
Signif. codes:  0 '***' 0.001 '**' 0.01 '*' 0.05 '.' 0.1 ' ' 1

Residual standard error: 1161 on 29981 degrees of freedom
Multiple R-squared:  0.9158,    Adjusted R-squared:  0.9157
F-statistic: 1.811e+04 on 18 and 29981 DF,  p-value: < 2.2e-16

> AIC(diamonds.train.lm)
[1] 508577.5
> mean(abs(diamonds.train.lm$residual))
[1] 806.1365
```

学習データに関する MSE は約 806 でした。

次に、テストデータに対する予測値を求め、テストデータでどの程度当てはまっているか考えるために、テストデータの予測値と目的変数の値の相関係数を求め、MSE を求めます。

```
> diamonds.trainlm.testp <-
+     predict(diamonds.train.lm,diamonds.test)
> cor(diamonds.test$price,diamonds.trainlm.testp)
[1] 0.9571501
> perror <- diamonds.test$price-diamonds.trainlm.testp
```

```
> mean(abs(perror))
[1] 800.9811
```

相関係数は 0.96 ということで予測はよくできていることが確認できます。またテストデータの MSE は約 801 でした。

次に、変数選択を行ってみましょう。

```
> diamonds.train.lmstep <-
+     stepAIC(diamonds.train.lm,direction="both")
> diamonds.train.lmstep

Call:
lm(formula = price ~ carat + cut + color + clarity,
data = diamonds.train)

Coefficients:
(Intercept)        carat         cut.L         cut.Q         cut.C
 -3669.5369     8870.5526      662.2689     -302.6680      176.1659
      cut^4       color.L       color.Q       color.C       color^4
     1.3288    -1924.7340     -628.9244     -174.1965       27.9213
    color^5       color^6     clarity.L     clarity.Q     clarity.C
   -77.4000      -46.2481     4149.8577    -1767.6618      884.0520
  clarity^4     clarity^5     clarity^6     clarity^7
  -336.4577      208.1624        0.9919       93.5812
```

変数選択の結果得られたモデルは、フルモデルでした。

▪13.3.2 決定木分析

次に、決定木による予測を求めてみましょう。

```
> diamonds.train.rp <- rpart(price~., data=diamonds.train)
> print(diamonds.train.rp,digit=2)
n= 30000

node), split, n, deviance, yval
      * denotes terminal node

 1) root 30000 4.8e+11  3900
   2) carat< 0.99 19397 2.4e+10  1600
     4) carat< 0.62 13883 3.7e+09  1000 *
     5) carat>=0.62 5514 4.5e+09  3000 *
   3) carat>=0.99 10603 1.6e+11  8200
```

```
  6) carat< 1.5 7081 3.4e+10   6200
   12) clarity=I1,SI2,SI1,VS2 5342 1.0e+10   5400 *
   13) clarity=VS1,VVS2,VVS1,IF 1739 1.1e+10   8500 *
  7) carat>=1.5 3522 4.2e+10  12000
   14) carat< 1.9 2285 1.9e+10  11000 *
   15) carat>=1.9 1237 9.5e+09  15000 *

> plot(as.party(diamonds.train.rp))
```

得られた結果のツリーが図 13.2 です。

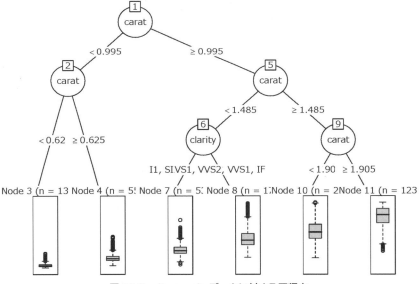

図 13.2　diamonds データに対する回帰木

学習データおよびテストデータについて MSE を求めます。

```
> diamonds.train.rp.pre <- predict(diamonds.train.rp)
> plot(diamonds.train.rp.pre-diamonds.train$price)
> mean(abs(diamonds.train.rp.pre-diamonds.train$price))
[1] 887.4165
> diamonds.train.rp.testp <-
+     predict(diamonds.train.rp,diamonds.test)
> plot(diamonds.train.rp.testp-diamonds.test$price)
> mean(abs(diamonds.train.rp.testp-diamonds.test$price))
[1] 888.8688
```

テストデータの MSE は約 889 であり、回帰モデルと比べると誤差が大きいことがわかります。

13.3.3　サポートベクターマシン

最後に、サポートベクターマシンにより予測を行います。

```
> diamonds.train.svm <- ksvm(price~., data=diamonds.train)
> diamonds.train.svm.pre <-
+   predict(diamonds.train.svm,dplyr::select(diamonds.train,-price))
> plot(diamonds.train.svm.pre-diamonds.train$price)
> mean(abs(diamonds.train.svm.pre-diamonds.train$price))
[1] 327.6832
> diamonds.train.svm.testp <-
+   predict(diamonds.train.svm,dplyr::select(diamonds.test,-price))
> plot(diamonds.train.svm.testp-diamonds.test$price)
> mean(abs(diamonds.train.svm.testp-diamonds.test$price))
[1] 332.8022
```

テストデータの MSE は約 333 で、他の 2 つのモデルに比べるとかなり誤差が小さいことがわかります。

この結果から、サポートベクターマシンが最良の手法かというと、実は必ずしもそうではありません。回帰モデルでは回帰係数によりモデルの意味が解釈できます。また、決定木分析ではツリー図から予測モデルが利用しやすい（考えやすい）という特徴があります。サポートベクターマシンは、このような解釈を行うのには向いていないので、ブラックボックスとして単純に当たればいい状況には適しています。

このように、データマイニングとして予測のための異なる手法が存在しますが、予測の性能やモデルの解釈のしやすさなどを総合的に評価して最適な方法を選択することになります。

第14章 株価データを用いた総合指標の作成

　株価から景気の判断をすることを考えます。数多くの銘柄から株価の全てを一度に把握することは難しく、多くの場合は少ない銘柄で全体を代表するような銘柄を選択して把握するか、日経平均株価（以降、日経平均）や TOPIX のような総合指標で景気の動向を判断することになります。そこで、本章では第 10 章で説明した主成分分析を用いて、株価の総合指標を作成します。

14.1 株価データの取得

　はじめに、**RFinanceYJ** パッケージを用いて、ウェブサイトから株価のデータを取得することを考えます。RFinanceYJ を利用するためには **XML** パッケージが必要となりますので、はじめに 2 つのパッケージを読み込んでおきます。

```
> install.packages("XML")
> install.packages("RFinanceYJ")
> library(XML)
> library(RFinanceYJ)
> quote.url <-
+     "http://info.finance.yahoo.co.jp/history/?code=998407
+     &sy=2015&sm=8&sd=1&ey=2015&em=8&ed=31&tm=d"
> t <- readHTMLTable(quote.url)
> nikkei <- t[[2]]
```

　最初に、`quote.url` として URL を定義します。code は日経平均のコード 998407、開始の年月日を 2015 年 8 月 1 日、終了の年月日を 2015 年 8 月 31

日、および日ごとに yahoo.co.jp のサイトから呼び出す URL を定義します。readHTMLTable() 関数によって、先ほどの URL を引数として与えて、株価データを取得します。取得したデータはリスト形式になっており、実際の株価が 2 番目のリストとして入っているので、それを nikkei と名前を付けます[†1]。

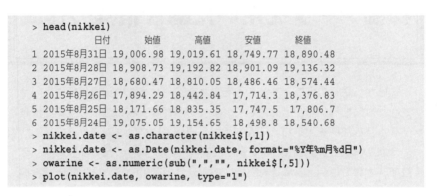

```
> head(nikkei)
        日付         始値       高値       安値       終値
1 2015年8月31日 19,006.98 19,019.61 18,749.77 18,890.48
2 2015年8月28日 18,908.73 19,192.82 18,901.09 19,136.32
3 2015年8月27日 18,680.47 18,810.05 18,486.46 18,574.44
4 2015年8月26日 17,894.29 18,442.84  17,714.3 18,376.83
5 2015年8月25日 18,171.66 18,835.35  17,747.5  17,806.7
6 2015年8月24日 19,075.05 19,154.65  18,498.8 18,540.68
> nikkei.date <- as.character(nikkei$[,1])
> nikkei.date <- as.Date(nikkei.date, format="%Y年%m月%d日")
> owarine <- as.numeric(sub(",","", nikkei$[,5]))
> plot(nikkei.date, owarine, type="l")
```

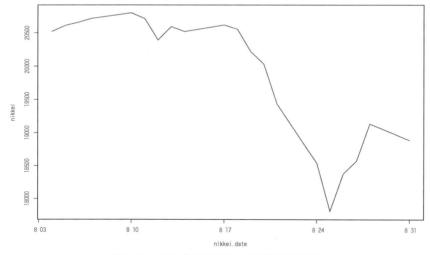

図 14.1　2015 年 8 月における日経平均の推移

このデータは、1 列目に Factor 型の変数として日付が与えられているの

[†1] 一度に最新の 20 件を取得できるので、8 月 3 日のデータは取得できていません。

で、文字列として変数に代入し、as.Date() 関数で日付形式の変数として再定義します。format 引数に %Y 年 %m 月 %d 日と指定します。また、5 列目に終値が与えられていますが、ウェブから取得したデータなので、千の桁にカンマ "," が入っているため、sub() 関数でカンマを空の文字列に置換し、as.numeric() 関数によって数値に変換します。これを時系列にそって折れ線グラフで描画すると、図 14.1 となります。

14.2 株価データから総合指標の作成

日経平均の構成銘柄（2015 年 9 月 1 日時点）[†2] の 1 年間分のデータを用いて総合指標を求めます。これらのデータは、上記の RFinanceYJ パッケージを繰り返して実行することにより取得することができますが、ここでは取得済みのデータ n225all.csv を用いて分析を進めます。n225all.csv には、2014 年 9 月 1 日～ 2015 年 8 月 31 日までの 1 年間の日経平均を構成している 225 銘柄のデータがあります。

```
> dat <- read.csv("data/n225all.csv", header=TRUE)
> dat[1:5, 1:5]
      X X2015年8月31日 X2015年8月28日 X2015年8月27日 X2015年8月26日
1  4151         2,039         2,065         2,012         1,973
2  4502         5,962         5,966         5,835         5,770
3  4503         1,800         1,804         1,781         1,768
4  4506         1,296         1,328         1,310         1,308
5  4507         4,760         4,775         4,655         4,600

> date <- sub("X", "", colnames(dat)[-1])
> code <- dat[,1]
> dat <- t(dat[,-1])
> dat <- matrix(as.numeric(sub(",","", as.character(dat))),,225)
> rownames(dat) <- date
> colnames(dat) <- code
> dat[1:5, 1:5]
              4151 4502   4503 4506 4507
2015年8月31日 2039 5962 1800.0 1296 4760
2015年8月28日 2065 5966 1804.0 1328 4775
2015年8月27日 2012 5835 1781.0 1310 4655
2015年8月26日 1973 5770 1768.0 1308 4600
2015年8月25日 1909 5690 1719.5 1264 4420
```

[†2]　http://indexes.nikkei.co.jp/nkave/index/component?idx=nk225

第14章 株価データを用いた総合指標の作成

データを読み込み、dat として保存します。データを確認するために先頭行を表示させる必要がありますが、このデータは大容量データであるため、行・列ともに5番目までを表示します。このデータについて、列名の日付のうち1番目を取り除き、またそれぞれの日付の最初の1文字目にXが自動的に挿入されるので、空の文字列で置換することにより取り除きます。

また、dat の1列目はコードが入っているので、code として定義します。そして、実際のデータを新たに与え直します。1列目は取り除き、主成分分析を行うためにも、t() 関数により行と列を転置します。さらに、このデータもウェブから取得したものなので、桁区切りのカンマ "," を含んでいるために、それを削除して新たに行列として定義し直します。最後に、rownames() 関数と colnames() 関数を用いて行名および列名を呼び出し、先ほどの値である date, code を代入します。

```
> hist(cor(dat), xlab="Correlation",
+      main="Histgram of correlations")
```

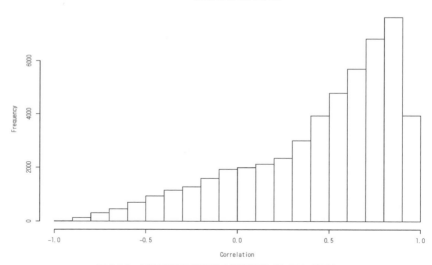

図14.2　日経平均の銘柄間の相関係数のヒストグラム

データについて相関を確認します。ただし、第 10 章のように全ての変数を1つの図に描画することは不可能なため、cor 関数で全ての変数のペアの相関係数を求めます。対角の要素すなわち同じ変数間の相関係数は 1 となっており、また 1 組のペアに対して 2 回ずつ相関係数は計算されているので、ダブルカウントになってはいますが、全体の傾向を見るために、図 14.2 のようにヒストグラムで描画します。これによると、相関係数が 0.5 〜 1 の間の頻度が多くなっており、変数間の相関が強いことが伺えます。

```
> n225.pca <- princomp(dat, cor=TRUE)
> vars<- n225.pca$sd^2
> props<- vars/225
> cumsum(props)[1:5]
  Comp.1    Comp.2    Comp.3    Comp.4    Comp.5
0.5877207 0.7261689 0.8241700 0.8710490 0.9053402
> screeplot(n225.pca, npcs=5)
> hist(n225.pca$loadings[,1], xlab = "Loading")
```

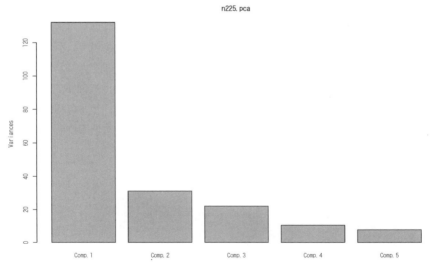

図 14.3 主成分分析の結果：スクリープロット（第 1 〜第 5 主成分）

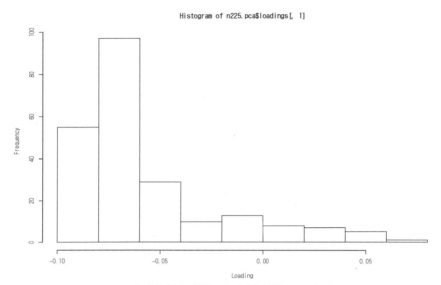

図14.4　主成分分析の結果：主成分負荷量のヒストグラム

この株価のデータで主成分分析を行います。銘柄によって株価は大きく異なるため、引数の cor=TRUE により、標準化したデータを用いて、解析を進めます。解析結果の累積寄与率を求め、5番目までを表示します。これは図14.3のスクリープロットでも確認できます。いずれにしても第1主成分が大きな割合を占めているので、第1主成分を採用することにします。第1主成分の主成分負荷量の分布（図14.4）を見ることにより元の変数との相関を確認すると、多くが −0.1 から −0.05 の値をとっていることがわかります。

```
> n225 <- read.csv("data/n225.csv")
> pca.prd <- predict(n225.pca)[,1]
> n225 <- transform(n225, pca.prd = pca.prd)
> head(n225)
             X    date      nikkei    pca.prd
2015年8月31日 1 2015/8/31 18890.48 -4.888194
2015年8月28日 2 2015/8/28 19136.32 -6.073872
2015年8月27日 3 2015/8/27 18574.44 -2.084917
2015年8月26日 4 2015/8/26 18376.83 -0.625948
2015年8月25日 5 2015/8/25 17806.70  2.588863
2015年8月24日 6 2015/8/24 18540.68 -1.770018
> plot(n225[,4:3], xlab="Market index (PCA)", ylab="Nikkei 225")
```

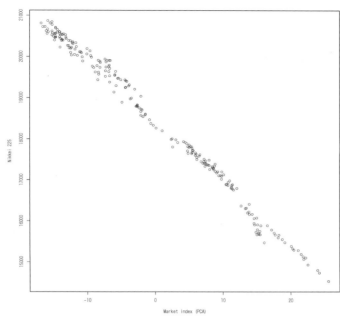

図 14.5 主成分分析の結果：総合指標と日経平均の散布図

　最後に n225.csv より同時期の日経平均を読み込み、主成分分析の結果のうち第1主成分と比較します。predict() 関数により、合成変数を作成しそのうちの1つ目を利用します。transform() 関数により、pca.prd を追加します。修正した変数の先頭行を確認し、2つの変数を図 14.5 の散布図により確認します。主成分負荷量がほとんど負になっていたこともあり、合成変数はほとんど負になっていますが、強い負の相関があることがわかります。

```
> rslt <- data.frame(
+           date = rev(as.Date(n225$date, format="%Y/%m/%d")),
+           nikkei = rev(n225$nikkei),
+           pca.prd = - rev(pca.prd)
+           )
>
> plot(rslt[,c(1,2)], type = "l", ylab = "", col = 'red')
> par(new =TRUE)
> plot(rslt[,c(1,3)], type = "l", axes = FALSE, ylab = "",
+      col = 'blue')
> axis(4)
> labels <- c("nikkei","pca.prd")
> legend("topleft", legend = labels, col = c(2,4), lty = 1)
```

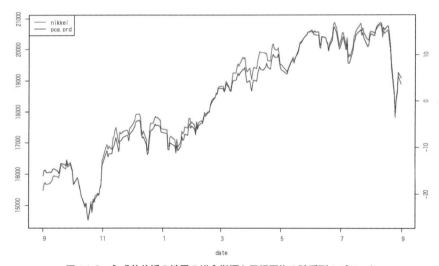

図 14.6 主成分分析の結果の総合指標と日経平均の時系列のプロット

2つを比較するために図 14.6 により、新しい合成変数の指標と日経平均を時系列にそって描画します。ただし、data.frame で新しいデータを作成する際には、日付について逆順になっているので、rev() 関数により正順に修正し、また、合成変数については −1 を掛けることにより、同じ符号に変更します。この2つの時系列はほぼ重なっていることがわかります。

第15章 SNS データの分析

Twitter[†1]や Facebook などの SNS (Social Networking Service) が生活に浸透してきています。近年、これらのデータをマーケティングや災害対策をはじめとする、様々な分野で活用しようとする動きが盛んになっています。本章では 140 文字までの短文を投稿して共有できるサービスである Twitter から R を用いてデータを取得し、簡単な定量的な分析および可視化を実行する例について紹介します。

15.1 Twitter API と OAuth

Twitter を利用する際には、ウェブブラウザで Twitter のサイトにアクセスしたり、スマートフォンなどであれば、アプリを用いたりするのが一般的です。しかし、大量のツイートをキーワードで検索して、その結果をデータ分析に利用したり、プログラムから自動的にツイートさせたりするような目的においては、ウェブブラウザやアプリによるアクセス手段のみでは不十分です。そのような目的を実現するために、多くのウェブサービスでは、API (Application Programming Interface) と呼ばれる、プログラムからサービスの機能を直接利用するための仕組みが提供されています。

Twitter の API を利用するためには、Twitter のユーザーアカウントを利用した認証が必要となります。Twitter では、この認証に OAuth という仕組みを利用しています。OAuth では、API を利用するプログラム(ここでは、R のスクリプト)に対して、ユーザーが API を提供するサービス側でアクセス認可を与えることによって、認証を行います。これにより、プログラム側では

[†1] http://twitter.com/

ユーザーのサービス側での認証情報を保持しておく必要がなくなり、安全な運用が可能になります。

　Twitter のアカウントを持っていない場合には、アカウントの開設を行います。OAuth によって API を利用するための認証を行う場合には、携帯電話番号を登録する必要があるので注意してください[2]。携帯電話番号を入力すると、Twitter から SMS で認証用コードが送られてきます。これを Twitter に送信することで、携帯電話番号の登録が完了します。

　アカウントの開設ができたら、Twitter の開発者用サイト[3]にアクセスして、アプリケーションの登録を行います。左上の「Developers」から「Documentation」を選択します。続いて、左側のメニューから「Manage My Apps」を選択して、アプリケーションの登録画面に移り「Create New App」をクリックします。「Name」と「Description」には、アプリケーションの名前とその説明をそれぞれ、任意に入力します。「Website」はアプリケーションを公開する URL を入力しますが、今回はデータ収集のためだけのアプリケーションですので、適当な URL を入力しておきます。これでアプリケーションの登録が完了です（図 15.1）。

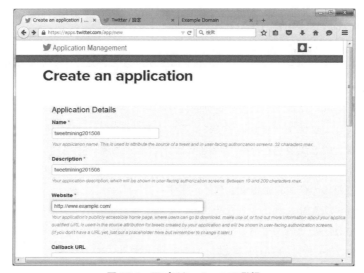

図 15.1　アプリケーションの登録

---

[2]　設定の「モバイル」のところで登録できます。
[3]　http://dev.twitter.com/

次に表示される登録されたアプリケーションの設定画面で、必要な情報を確認します。「Keys and Access Tokens」のタブをクリックして表示される（図15.2）

図 15.2　API Key の確認

- Consumer Key (API Key)
- Consumer Secret (API Secret)

および、下の方にスクロールして「Create my access token」をクリックして生成される（図 15.3）

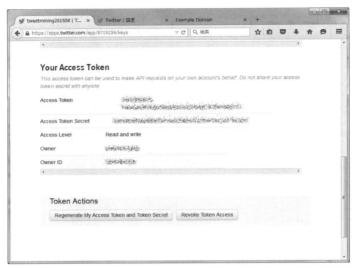

図 15.3 Access Token の確認

- Access Token
- Access Token Secret

の 4 つが API を利用する際に必要になる情報です。後で、この情報をコピーしてRのスクリプトに貼り付けます。

以上で Twitter API を利用するための準備は完了です。

15.2 Rによるツイートの取得

ここでは、Rから Twitter API を利用するために **twitteR** パッケージを利用します。また、OAuth 認証を行うために、**ROAuth** パッケージも必要となります。

```
> install.packages("twitteR")
> install.packages("ROAuth")
> install.packages("base64enc")
> library(twitteR)
> library(ROAuth)
> library(base64enc)
```

はじめに先ほど取得した API Key などの情報を変数に格納しておきます。

```
> APIKey <- "*********************" # Consumer Key (API Key)
> APISecret <- "*********************"
>                                     # Consumer Secret (API Secret)
> accessToken <- "*********************" # Access Token
> accessSecret <- "*********************" # Access Token Secret
```

これらの情報を setup_twitter_oauth() 関数に渡して認証を行います。

```
> setup_twitter_oauth(APIKey, APISecret, accessToken, accessSecret)
```

ここでは、「ガラケー」「スマホ」の両方の単語を含むツイートを検索してみます。

```
> searchword <- "ガラケー スマホ"
> searchquery <- iconv(paste0(searchword,
+                     " AND -filter:links AND -RT"),
+                     from="CP932", to="UTF-8")
> tw.df <- twListToDF(searchTwitter(searchquery,
+                                   since=as.character(Sys.Date()-8),
+                                   until=as.character(Sys.Date()),
+                                   n=10000))
Warning message:
In doRppAPICall("search/tweets", n, params = params,
  retryOnRateLimit = retryOnRateLimit,  :
  10000 tweets were requested but the API can only return 6758
```

検索文字列の文字コードは UTF-8 とする必要があるため、Windows の場合は iconv() 関数を用いて UTF-8 文字列に変換します。Linux や Mac OS の場合は iconv() 関数は必要ありません。ここでは、-filter:links で URL を含むツイートを、-RT でリツイートを除外して検索を行います[4]。実際の検索は searchTwitter() 関数で行います。検索文字列を第 1 引数に指定し、検索するツイートの期間の初めと終わりをそれぞれ since 引数と until 引数で指定します。ここでは、直近 1 週間分のツイートを収集するようにしています[5]。また n 引数では取得するツイートの最大数を指定していま

---

[4] 検索文字列については、https://dev.twitter.com/rest/public/search などが参考になります。
[5] Sys.Date() 関数で現在の日付を取得して、文字列に変換しています。

す。ここでは、1万件のツイートを要求しており、コマンドの実行が終了するまでにしばらく時間を要します。実行後に警告が出ていますが、これは最大1万件を要求したが、実際取得できたのは6758ツイートであったことを示すものです。`twListToDF()`関数は取得したツイートに関する情報のリストをデータフレームに変換するものです。

Twitter APIでは、関数の呼び出し回数や取得できるツイート数などに制限が設けられています。今回利用している、ツイートの検索関数については、1回の呼び出しにつき取得できるのが100ツイートで、呼び出し回数は15分で450回までという制限があります。したがって、上のコマンドで指定した10000ツイートの取得については、おおよそ100回の呼び出しを利用していることになります。また、検索対象となるツイートは1週間前までのもので、実際に取得できるのは全ツイートの1%となります。全ツイートを取得して大規模な分析を行いたい場合は、商用のサービスを契約する必要があります。

取得した各ツイートについては、ツイート内容（`text`）のほかに、ツイートされた時刻（`created`）や位置情報（`longitude, latitude`）、リツイート（`retweetCount, isRetweet, retweeted`）、お気に入り登録（`favorited, favoriteCount`）に関する情報も付加されています。

```
> names(tw.df)
 [1] "text"          "favorited"      "favoriteCount"  "replyToSN"
 [5] "created"       "truncated"      "replyToSID"     "id"
 [9] "replyToUID"    "statusSource"   "screenName"     "retweetCount"
[13] "isRetweet"     "retweeted"      "longitude"      "latitude"
```

まずは、取得したツイートの件数を、日時で集計してみましょう。集計に`dplyr`パッケージ、可視化に`ggplot2`パッケージを利用します。

```
> library(dplyr)
> library(ggplot2)
```

例えば、日単位で集計するには

```
> tw.daily <- tw.df %>%
+   mutate(twdate=as.Date(created)) %>%
+   group_by(twdate) %>% summarize(cnt = n())
```

```
> tw.daily
Source: local data frame [8 x 2]

     twdate  cnt
1 2015-08-20 1307
2 2015-08-21 1063
3 2015-08-22  716
4 2015-08-23  733
5 2015-08-24  896
6 2015-08-25  703
7 2015-08-26  720
8 2015-08-27  620
```

とします。dplyrパッケージのmutate()関数でツイートされた時刻を、as.Date()関数でDate型に変換したtwdate列を追加し、group_by()関数とsummarize()関数で件数の集計を行っています。これを棒グラフで表すには以下のようにします（図15.4）。

```
> qplot(twdate, cnt, data=tw.daily, geom="bar", stat="identity")
```

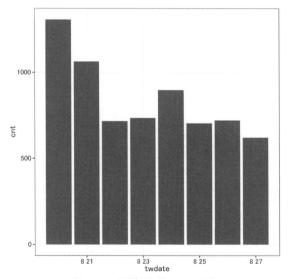

図15.4 日別の取得ツイート数

また、時間単位で集計するには以下のようにします。

```
> tw.hourly <- tw.df %>%
+   mutate(twhour=as.POSIXct(format(created,
+                                    "%Y-%m-%d %H:00:00"))) %>%
+   group_by(twhour) %>% summarize(cnt = n())
> tw.hourly
Source: local data frame [192 x 2]

                twhour cnt
1  2015-08-20 00:00:00  24
2  2015-08-20 01:00:00  33
3  2015-08-20 02:00:00  32
4  2015-08-20 03:00:00  39
5  2015-08-20 04:00:00  34
6  2015-08-20 05:00:00  24
7  2015-08-20 06:00:00  43
8  2015-08-20 07:00:00  22
9  2015-08-20 08:00:00 269
10 2015-08-20 09:00:00 169
..                 ... ...
```

棒グラフで表すには以下のようにします (図15.5)。

```
> qplot(twhour, cnt, data=tw.hourly, geom="bar", stat="identity")
```

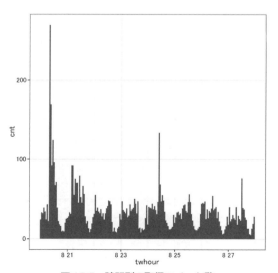

図 15.5 時間別の取得ツイート数

15.3 形態素解析

ツイートが収集できましたので、次にこれらを分析していきます。大量のテキストを分析するための手法を総称して**テキストマイニング**と呼びます。英語のテキストの場合は、文章を空白で区切ることによって単語が抽出できるため、語の抽出は比較的容易です。Rで分析をするには、テキストマイニングのための関数群を提供する **tm** パッケージが便利です。一方、日本語のテキストの場合は、文章から、意味を持つ最小の語（**形態素**）を抽出すること（**形態素解析**）からはじめる必要があります。ここでは、その目的で開発されたMeCabというソフトウェアを利用して、形態素解析を行います。

MeCab はウェブサイト[6]からダウンロードして、インストールしておきます。Windowsの場合はバイナリに辞書が含まれていますので、インストーラーを実行するだけでインストール作業が完了します。途中、文字コードを選択するステップがありますが、デフォルトのShift-JISを選択しておきます。LinuxやMacOSの場合は、本体と別に辞書をインストールする必要があります。詳しくは、ウェブサイトを参考にしてください。

MeCabを直接コマンドラインから利用することもできますが、ここではRからMeCabを利用するようにします。そのためのパッケージが **RMeCab** パッケージとして公開されています[7]。このパッケージは、CRANでは公開されていないため、以下のようにリポジトリを指定してインストールします。

```
> install.packages ("RMeCab", repos = "http://rmecab.jp/R")
> library(RMeCab)
```

まず、分析対象とするテキストの前処理を行います。Twitterをはじめとする、SNSから抽出されるテキストには、記号やURL、絵文字などが多く含まれています。これらをうまく除去できるかどうかが、解釈可能な結果を得るためのポイントになるでしょう。

```
> tw.txt <- unique(tw.df$text)
> tw.txt <- gsub("[[:print:]]", "", tw.txt, perl=TRUE)
> tw.txt <- iconv(tw.txt, from="UTF-8", to="CP932", "")
> tw.txt <- tw.txt[-grep("^RT", tw.txt)]
```

---

[6] http://taku910.github.io/mecab/
[7] http://rmecab.jp/wiki/index.php?RMeCab

まず、unique()関数で、重複したツイートを除去します。次にgsub()関数で、半角英数字や記号（[:print:]で指定）を除去します。Windowsでgsub()関数を実行すると、結果がUTF-8となってしまうので、改めてiconv()関数でCP932に変換しておきます。このとき、最後の引数で空の文字列を指定していますが、これは、CP932に変換できなかった文字列（絵文字など）を除去するという意味です。最後に、非公式リツイートをgrep()関数でマッチさせて、削除しています。

続いて、RMeCabパッケージで提供されているdocMatrixDF()関数を用いて、形態素の抽出と集計を行います。

```
> tw.dmat <- docMatrixDF(tw.txt, pos = c("名詞"))
> dim(tw.dmat)
[1] 5600 3259
```

pos引数に、抽出する品詞名のベクトルを指定します。ここでは名詞のみを対象としました。出力されるのは各行が1ツイート、各列が抽出された形態素であるような2次元配列となります。(i, j)要素には、i番目のツイートに含まれるj番目の形態素の個数が記録されています。この配列の列方向の和をとって、ツイート全体に含まれる形態素の個数の集計を行います。

```
> tw.wcnt <- as.data.frame(apply(tw.dmat, 1, sum))
```

集計対象のツイートには全て検索語が含まれているため、検索語を以下のコマンドで除去しています。

```
> tw.wcnt <- tw.wcnt[
+   !(row.names(tw.wcnt) %in% unlist(strsplit(searchword, " "))),
+   1, drop=FALSE]
```

以下のコマンドで、形態素の出現数上位25件の棒グラフを描画しています（図15.6）。

```
> tw.wcnt2 <- data.frame(word=as.character(row.names(tw.wcnt)),
+                        freq=tw.wcnt[,1])
> tw.wcnt2 <- subset(tw.wcnt2, rank(-freq)<25)
> ggplot(tw.wcnt2, aes(x=reorder(word,freq), y=freq)) +
```

```
+     geom_bar(stat="identity", fill="grey", color="black") +
+     theme_bw(base_size=20) + coord_flip() + xlab("word")
```

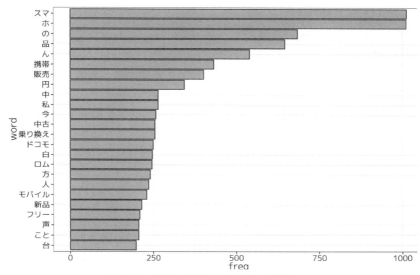

図 15.6　形態素出現数上位 25 件の棒グラフ

15.4 ワードクラウド

　テキスト中の単語の出現数を可視化する方法として、**ワードクラウド**があります。これは単語を出現頻度に応じた大きさで描画したもので、大量のテキスト中の頻出単語を直感的に理解できるため、様々な場面で利用されています。Rでワードクラウドを描画するには、**wordcloud**パッケージを用います。また、色の設定を行うため、**RColorBrewer**パッケージもインストールしておきます。

```
> install.packages("wordcloud")
> install.packages("RColorBrewer")
> library(wordcloud)
> library(RColorBrewer)
```

　ここでは、出現頻度が 50 以上の単語についてのワードクラウドを描画して

みます。ワードクラウドを描画するには wordcloud() 関数を用います。

```
> tw.wcnt <- subset(tw.wcnt, tw.wcnt[, 1] >= 50)
> pal <- brewer.pal(8,"Dark2")
> wordcloud(row.names(tw.wcnt), tw.wcnt[, 1], scale = c(4, .2),
+           random.order = T, rot.per = .15, colors = pal)
```

出力は図 15.7 のようになります。scale 引数は、最大頻度と最小頻度の単語のフォントサイズの比を表す大きさが 2 のベクトルを指定します。rot.per 引数には、90 度回転して表示させる単語の割合を指定します。特に Windows 環境の場合、ワードクラウドは R のグラフィックスデバイス[†8]よりも PDF の方が高品質に表示できます。例えば、以下のようなコマンドで、フォントを指定して PDF ファイルに出力します。

```
> cairo_pdf("wordcloud.pdf", family="Meiryo", width=8, height=8)
> wordcloud(row.names(tw.wcnt), tw.wcnt[, 1], scale = c(4, .2),
+           random.order = T, rot.per = .15, colors = pal)
> dev.off()
```

図 15.7　ワードクラウド

[†8]　日本語フォントがあまりきれいに表示されず、小さいフォントの視認性が悪いです。

15.5 ネットワーク分析

ここまでは、単語の出現頻度にのみ注目してきましたが、単語（形態素）同士の接続を考慮することで、より詳しくテキストを理解することができます。形態素が N 個接続されたものを **N-gram** と呼びます。例えば、「安いガラケーに機種変更したい」という文の 2-gram（bi-gram）を抽出すると、「安い」→「ガラケー」、「ガラケー」→「に」、「に」→「機種変更」、「機種変更」→「し」、「し」→「たい」となります。

```
> unlist(RMeCabC("安いガラケーに機種変更したい"))
    形容詞       名詞        助詞        名詞       動詞      助動詞
   "安い"     "ガラケー"    "に"    "機種変更"    "し"     "たい"
```

N-gram を抽出して集計するためには、NgramDF() 関数を用います。NgramDF() 関数はファイル内のテキストを指定する仕様になっているため、いったん、tw.txt をテキストファイルに書き出してから、関数を適用します。

```
> tw.file <- tempfile()
> write(gsub("\n", "", tw.txt), file=tw.file)
> tw.bigram <- NgramDF(tw.file, type = 1, N = 2,
+                      pos=c("名詞", "形容詞", "動詞"))
```

type 引数は 1 が形態素単位の N-gram を、2 であれば品詞単位の N-gram を集計することを意味しています。N 引数で N の大きさを指定します。ここでは、2-gram を集計するようにしています。結果をソートして、上位を表示させると以下のようになります。

```
> sortlist <- order(tw.bigram[,3],decreasing = TRUE)
> tw.bigram <- tw.bigram[sortlist,]
> tw.bigram <- subset(tw.bigram, Freq>20)
> head(tw.bigram)
       Ngram1   Ngram2  Freq
10574    スマ       ホ   1015
10753  スマホ   ガラケー   493
26469      白       ロム   246
13666    ロム      販売   202
```

```
24679   中古        携帯  196
17095   携帯        白    195
```

N-gram の抽出結果はネットワーク図として可視化することができます。ここでは、ネットワーク分析のための関数を提供する **igraph** パッケージを用います。

```
> install.packages("igraph")
> library(igraph)
```

データフレームからネットワークグラフを生成するために graph.data.frame() 関数を用います。また、グラフのコミュニティー（クラスターのようなもの）を抽出するために edge.betweenness.community() 関数を用います。

```
> tw.graph <- graph.data.frame(tw.bigram)
> eb <- edge.betweenness.community(tw.graph)
```

tw.graph に対して plot() 関数を適用するとネットワークグラフが出力されます。

```
> plot(tw.graph, vertex.label=V(tw.graph)$name,
+      vertex.size=3*log(degree(tw.graph)),
+      vertex.color=cut_at(eb, 10), edge.arrow.size=0.1,
+      vertex.label.cex=1, edge.arrow.width=1)
```

これもワードクラウドと同様に PDF ファイルに出力した方が視認性がよいでしょう。

```
> cairo_pdf("network.pdf", family="Meiryo", width=8, height=8)
> plot(tw.graph, vertex.label=V(tw.graph)$name,
+      vertex.label.family="Meiryo",
+      vertex.size=3*log(degree(tw.graph)),
+      vertex.color=cut_at(eb, 10), edge.arrow.size=0.1,
+      vertex.label.cex=1, edge.arrow.width=1)
> dev.off()
```

出力は図 15.8 のようになります。

15.5 ネットワーク分析

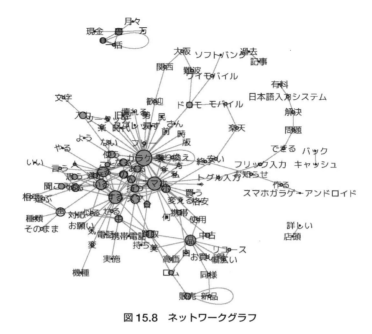

図15.8　ネットワークグラフ

索 引

[記号・数字]

" 12
.... 12
$ 18, 19
%>% 27
' 12
: 13, 25
<- 13

2次元配列 14
3Dプロット 174
3次元配列 14

[A]

AIC 58
AIC() 196
apriori() 168, 178
arrange() 26
arulesVizパッケージ 171
arulesパッケージ 167
as() 176
as.character() 17
as.Date() 202
as.numeric() 17
as.party() 81

[B]

barplot() 28
base64encパッケージ 212
biplot() 153, 157, 161
boxplot() 32

brewer.pal() 220

[C]

c() 12
cairo_pdf() 220
caithデータ 155
caretパッケージ 56
cbind() 15
classパッケージ 101, 125
colnames() 66
color_branches() 113
coord_flip() 119
cor() 22
corresp() 156
CRISP-DM 40
CSV形式 20, 181

[D]

data() 77, 85
data.frame() 19
dendextendパッケージ 113
desc() 26
diamondsデータ 85, 95
dim() 15
dist() 109
docMatrixDF() 218
download.file() 108
dplyrパッケージ 23
dummyVars() 56

[E]
edge.betweenness.community()
....222
epitools パッケージ 79
expand.table() 79

[F]
factor() 16
filter() 24

[G]
geom_smooth() 60
GGally パッケージ 119, 148
ggpairs() 148
ggparcoord() 119
ggplot2 パッケージ 27, 85
GLM 70
glm() 70
gplots パッケージ 115
Graceries データ 167
graph.data.frame() 222
grep() 218
group_by() 25
gsub() 218

[H]
hclust() 110
heatmap.2() 115
hist() 31

[I]
iconv() 213, 218
igraph パッケージ 222
inspect() 170, 178
install.packages() 23
IQR() 22
itemFrequencyPlot() 168

[K]
kernlab パッケージ 92
kmeans() 117

k-means 法..................................117
knn() 101
ksvm() 92, 94, 96
k 近傍法..97

[L]
levelplot() 132, 136
levels() 17
levels_colors() 113
library() 23
list() 18
lm() 51, 56

[M]
MASS パッケージ 57, 155
matrix() 15
mca() 160
mean() 22
MeCab 217
median() 22
mosaicplot() 155
MSE..96, 195
mutate_each() 56

[N]
NA 17
names() 18
N-gram 221
NgramDF() 221

[O]
OAuth...209
order() 115

[P]
partykit パッケージ 81
PDF 出力..220
plot() 34, 111, 113, 127, 171,
173, 174, 175, 179, 222
plotcp() 81
points() 128, 134

predict()	53, 56, 72
princomp()	150
p 値	53

[Q]
qplot()	29, 31, 33, 35, 36

[R]
rainbow_hcl()	113
rbind()	15
RColorBrewer パッケージ	219
read.csv()	20
read.table()	20, 66
rep()	13
residuals()	53, 72
RFinanceYJ パッケージ	201
RMeCab パッケージ	217
rnorm()	11
ROAuth パッケージ	212
round()	72, 157
rpart()	79
rpart パッケージ	79, 85
RStudio	5

[S]
sample()	92
scale()	109
screeplot()	150
sd()	22
select()	24
seq()	13
setup_twitter_oauth()	213
smooth()	51
SNS	209
SOM	44, 123
SOM()	125, 134
somgrid()	125, 134
sort_levels_values()	113
spTransform()	121
stepAIC()	57
subset()	85
summarise()	25
summary()	21, 52
SVM	44, 89
sweep()	109

[T]
table()	28
text()	134
Titanic データ	77, 176
tmap パッケージ	121
tm パッケージ	217
transactions 型	176
tw.txt()	217
Twitter	209
twitterR パッケージ	212
twListToDF()	214

[U]
unique()	218
unlist()	218

[V]
var()	22

[W]
wordcloud()	220
wordcloud パッケージ	219
write.csv()	181

[X]
XML パッケージ	201

[あ]
アイテム頻度プロット	169
赤池情報量規準	58
アソシエーションルール	170
アソシエーションルールの可視化	171
アソシエーションルール分析	45, 165
一般線形化モデル	70
因子型	16

索　引

ウォード法 107

オッズ 70
オッズ比 71
帯グラフ 30
オブジェクト 13

[か]

回帰木 85
回帰係数 52
回帰直線 49, 51
回帰分析 44, 49
階層型クラスター分析 106
外部データ 20
学習データ 89
確信度 165
カテゴリー予測 44, 89, 91, 186
株価データ 201
観測値 49, 55

記憶ベース推論 44, 97
基準化 103
教師あり学習 43
教師ありデータ 77
教師なし学習 43
行列 15
寄与率 146

クラスター 105
クラスター分析 44, 105
クラスタリング 44
クリップボード 21
グループ化 25
クロス集計表 101, 155
クロスバリデーション 94

形態素 217
形態素解析 217
欠損値 17
決定木分析 44, 77, 191, 197
決定係数 53

交差エントロピー 77
交差検証法 94
降順 26
個体 19
コメント 12
コレスポンデンス分析 155
コンソール 7

[さ]

最小値 22
最大値 22
最短距離法 108
最長距離法 108
作業ディレクトリ 10
サポートベクターマシン 44, 89, 194, 199
残差 52
残差平方平均 96
散布図 34

シェープファイル 119
次元縮約 44
自己組織化マップ 44, 123
支持度 165
質的変数 16, 28, 43, 65, 77, 155
ジニ係数 77
四分位偏差 21, 22
重回帰分析 55, 195
従属変数 49
主成分 145
主成分負荷量 145
主成分分析 44, 45, 143
順序尺度 16, 43
条件部の支持度 166
昇順 26
白地図 119

水準集合 16
数値型 16
数値型ベクトル 17
数値予測 44, 89, 95
数値予測の手法 195

スクリープロット 150
スクリプトエディタ 7

正の相関 22
説明変数 49
線形モデル 51

相関係数 22
層別のプロット 36
ソート 26

[た]
第1四分位点 22
第1主成分 145
第2主成分 145
第3四分位点 22
対応分析 44, 155
代入 13
多重対応分析 159
ダミー変数 55
単回帰分析 49

中央値 21
中心的な位置 21

積み上げ縦棒グラフ 29

データ構造 12
データサイエンス 39
データのインポート 20
データの可視化 27
データの種類 43
データの要約 21
データフレーム 19
データマイニング 39
テキストマイニング 217
テストデータ 89
デンドログラム 111, 113

独立変数 49
ドットチャート 33

トランザクション 165

[な]
ニューラルネットワーク 44, 123

ネットワークグラフ 222
ネットワーク分析 221

[は]
バイプロット 154, 157, 161
配列 14
箱ひげ図 32
外れ値 32
パッケージ 3, 23
ばらつき 21
半教師あり学習 44
判別 44, 77, 89
判別の手法 186

ヒートマップ 115
非階層型クラスター分析 117
ヒストグラム 31
ビッグデータ 39
標準化 103
標準誤差 52
標準偏差 21, 22
非類似度 44, 106
比例尺度 28

フィルター 24
負の相関 22
分散 21, 22
分類 44, 134
分類木 77

平均絶対偏差 195
平均値 21
平行座標プロット 119

ベクトル 12
変数 19

変数選択 57
変数名 13

棒グラフ 28, 168
母集団 52

【ま】
マーケットバスケット分析 165

名義尺度 16, 43

目的変数 49
モザイクプロット 155
文字型ベクトル 17
モデリング 42, 43

【や】
ユークリッド距離 105
ユニット 123

予測 44, 77, 85
予測手法の評価 185
予測値 49, 55

【ら】
リスト 17
リフト 165
量的変数 31, 43, 49, 77

類似度 44, 105
累積寄与率 146
ルールの発見 45

ロジスティック回帰分析 44, 65, 186

【わ】
ワードクラウド 219
ワークスペース 10

<著者略歴>

山本　義郎（やまもと　よしろう）
1992 年 3 月　東海大学理学部数学科卒業
1994 年 3 月　東海大学大学院理学研究科修了
1998 年 3 月　岡山大学大学院自然科学研究科博士後期課程修了（学位取得）
1998 年 6 月　北海道大学大学院工学研究科助手
2001 年 4 月　多摩大学経営情報学部助教授
2004 年 4 月　東海大学理学部数学科助教授
2011 年 4 月〜東海大学理学部数学科教授

【主な著書】
『統計データの視覚化（R で学ぶデータサイエンス 12）』（共立出版, 2013/5）『統計学序論』（東海大学出版会, 2013/06）『確率統計序論　第二版』（東海大学出版会, 2008/1）（共著）『レポート・プレゼンに強くなるグラフの表現術（講談社現代新書）』（講談社, 2005/2/18）（単著）

担当章　第 2 章、第 6 章、第 9 章、第 11 章、第 12 章、第 13 章

藤野　友和（ふじの　ともかず）
1998 年 3 月　岡山大学理学部数学科卒業
2000 年 3 月　岡山大学大学院理学研究科修了
2003 年 3 月　岡山大学大学院自然科学研究科博士後期課程修了（学位取得）
2003 年 4 月　福岡女子大学人間環境学部助手
2007 年 4 月　福岡女子大学人間環境学部助教
2011 年 4 月〜福岡女子大学国際文理学部講師

【主な著書】
『統計データの視覚化（R で学ぶデータサイエンス 12）』（共立出版, 2013/5）

担当章　第 1 章、第 3 章、第 4 章、第 8 章、第 15 章

久保田　貴文（くぼた　たかふみ）
2002 年 3 月　岡山大学環境理工学部環境数理学科卒業
2004 年 3 月　岡山大学大学院自然科学研究科環境システム学専攻修了
2004 年 7 月　岡山大学大学院自然科学研究科資源管理学専攻退学
2004 年 8 月　岡山大学法学部助手
2006 年 4 月　岡山大学大学院社会文化科学研究科助手
2007 年 4 月　岡山大学大学院社会文化科学研究科助教
2010 年 8 月　統計数理研究所リスク解析戦略研究センター特任助教
2012 年 9 月　岡山大学大学院環境学研究科博士（学術）
2014 年 4 月〜多摩大学経営情報学部准教授

担当章　第 5 章、第 7 章、第 10 章、第 14 章

- 本書の内容に関する質問は、オーム社書籍編集局「(書名を明記)」係宛に、書状または は FAX (03-3293-2824)、E-mail (shoseki@ohmsha.co.jp) にてお願いします．お 受けできる質問は本書で紹介した内容に限らせていただきます．なお、電話での質問 にはお答えできませんので、あらかじめご了承ください．
- 万一、落丁・乱丁の場合は、送料当社負担でお取替えいたします．当社販売課宛にお 送りください．
- 本書の一部の複写複製を希望される場合は、本書扉裏を参照してください．
[JCOPY] <(社)出版者著作権管理機構 委託出版物>

R によるデータマイニング入門

平成 27 年 11 月 20 日　　第 1 版第 1 刷発行

著　　者　山　本　義　郎
　　　　　藤　野　友　和
　　　　　久保田　貴　文
発 行 者　村　上　和　夫
発 行 所　株式会社 オーム社
　　　　　郵便番号　101-8460
　　　　　東京都千代田区神田錦町 3-1
　　　　　電話　03(3233)0641(代表)
　　　　　URL　http://www.ohmsha.co.jp/

© 山本義郎・藤野友和・久保田貴文 2015

組版　チューリング　　印刷・製本　日経印刷
ISBN978-4-274-21817-0　Printed in Japan

関連書籍のご案内

Rで統計この3冊

Rの操作と統計学の基礎から応用まで学べる！

『R』とは、統計解析のフリーソフトです。データ分析で役立つ数多くの関数が用意されており、基本統計量の算出や検定、グラフを出力する関数などがあります。これらの機能を使うことによって、Excel よりも複雑な多変量解析が簡単に行えるようになります。

＊Rのダウンロードとインストールは、CRANホームページ
https://cran.r-project.org/ より

Rの操作手順と統計学の基礎が身につく1冊！
- 山田 剛史・杉澤 武俊・村井 潤一郎 共著
- A5判・420頁
- 定価（本体 2,700 円【税】）

マーケティングデータを用いて統計分析力を身につける！
- 本橋 永至 著
- A5判・272頁
- 定価（本体 2,600 円【税】）

この1冊で実務に対応！統計の基礎から応用まで網羅!!
- 外山 信夫・辻谷 将明 共著
- A5判・384頁
- 定価（本体 3,800 円【税】）

もっと詳しい情報をお届けできます。
◎書店に商品がない場合または直接ご注文の場合も右記宛にご連絡ください。

ホームページ http://www.ohmsha.co.jp/
TEL／FAX TEL.03-3233-0643　FAX.03-3233-3440

（定価は変更される場合があります）